接纳力主题手账

(全5册)

倾 听

海文颖 著

电子工业出版社
Publishing House of Electronics Industry
北京·BEIJING

未经许可，不得以任何方式复制或抄袭本书之部分或全部内容。
版权所有，侵权必究。

图书在版编目（CIP）数据

接纳力主题手账．倾听／海文颖著．—北京：电子工业出版社，2024.4

ISBN 978-7-121-47468-2

Ⅰ．①接… Ⅱ．①海… Ⅲ．①本册 Ⅳ．① TS951.5

中国国家版本馆 CIP 数据核字（2024）第 052097 号

责任编辑：潘　炜
印　　刷：北京瑞禾彩色印刷有限公司
装　　订：北京瑞禾彩色印刷有限公司
出版发行：电子工业出版社
　　　　　北京市海淀区万寿路 173 信箱　邮编：100036
开　　本：880×1230　1/32　印张：10　字数：256 千字
版　　次：2024 年 4 月第 1 版
印　　次：2024 年 4 月第 1 次印刷
定　　价：220.00 元（全 5 册）

凡所购买电子工业出版社图书有缺损问题，请向购买书店调换。若书店售缺，请与本社发行部联系，联系及邮购电话：(010) 88254888，88258888。

质量投诉请发邮件至 zlts@phei.com.cn，盗版侵权举报请发邮件至 dbqq@phei.com.cn。

本书咨询联系方式：(010) 88254210，influence@phei.com.cn，微信号：yingxianglibook。

倾听从闭嘴忍住不说开始。为什么要闭嘴呀?看见孩子做的不对的、做的不好的地方不说吗?看见孩子遇到危险的时候不喊吗?

说、喊,是可以的。但在养育孩子过程中靠说靠喊,太累了,而且效果还越来越差。

而练习闭嘴,能够让你走上一条省心省力的育儿之路,还能轻松收获一个幸福力满满的孩子。你要不要试试呢?

倾听练习按轻重程度分为不同★级。能让你获得成就感的,就是适合你的★级。

★☆☆☆☆	停一下(咬下舌头)
★★☆☆☆	闭嘴5~15分钟
★★★☆☆	练习对一件事的静语
★★★☆☆	静语1~7天
★★★★★	反躬自问

每个人的个性特质和所处环境不一样,马上能开启的倾听练习也不同。请你量力而行,做不到时可以跳到下一主题共情,过一段时间,再回来试试倾听。

尤其做反躬自问练习,需要你拥有一定程度上笃定的自我。当且仅当你能从中获得成长的喜悦感时,这个练习才是你可以驾驭的。不急,你可以在做完我信息主题的练习后,再回来试试反躬自问。

现在,先从咬一下舌头开始吧。

第一个七天
DAYS

开启你的倾听觉察之旅吧　>>>

停一下(咬下舌头)

日期：_____ 时间：_____

在你就要脱口而出指点孩子该怎样、不该怎样时，停一下，刻意地轻咬一下舌头。就这么停顿一下，你就有可能看到孩子如何自主处理事情了。觉察并记录下来吧。

觉察记录：

倾听练习 1

停一下(咬下舌头)

日期：_____ 时间：_____

在你就要脱口而出指点孩子该怎样、不该怎样时，停一下，刻意地轻咬一下舌头。就这么停顿一下，你就有可能看到孩子如何自主处理事情了。觉察并记录下来吧。

觉察记录：

倾听练习 1

闭嘴 5 ~ 15 分钟

日期：_____　　时间：_____

　　随着孩子的年龄增长，你需要忍住不说的时长可以逐渐加长。简单来讲，孩子几岁你需要忍几分钟。对5岁以上的孩子，你需要刻意做这项练习了。

　　这样计时：从你想给孩子建议开始计时，5 ~ 15分钟后，如果你觉得你的建议还是必需的，你再说出口。

觉察记录：_____

_____

_____

_____

_____

_____

_____

_____

_____

_____

_____

倾听练习 2
★★☆☆☆

闭嘴 5 ~ 15 分钟

日期：_____ 时间：_____

随着孩子的年龄增长，你需要忍住不说的时长可以逐渐加长。简单来讲，孩子几岁你需要忍几分钟。对5岁以上的孩子，你需要刻意做这项练习了。

这样计时：从你想给孩子建议开始计时，5 ~ 15分钟后，如果你觉得你的建议还是必需的，你再说出口。

觉察记录：_____

_____

_____

_____

_____

_____

_____

_____

_____

_____

_____

倾听练习 2
★★☆☆☆

闭嘴5 ~ 15分钟

日期：_____ 时间：_____

随着孩子的年龄增长，你需要忍住不说的时长可以逐渐加长。简单来讲，孩子几岁你需要忍几分钟。对5岁以上的孩子，你需要刻意做这项练习了。

这样计时：从你想给孩子建议开始计时，5 ~ 15分钟后，如果你觉得你的建议还是必需的，你再说出口。

觉察记录：

倾听练习 2
★★☆☆☆

每周复盘

给自己一个专属空间,从最初起步的位置来回看经历了一周的刻意练习,自己做到了哪些,又有怎样的收获和感悟。

在一次次的看见中,我们会逐渐链接到来自内心的力量。

> 有一群人在一起践行7天闭嘴实操营,
> 早上听音频,白天觉察,晚上做总结。你也可以哦。

第二个七天
DAYS

开启你的倾听觉察之旅吧　>>>

练习对一件事情的静语

日期：_____ 时间：_____

你在做倾听练习1和2的时候，可能会发现，你那一刻没说话，孩子那件事儿也做得不差。这件事儿还在继续发生中，或者会重复发生。你可以练习刻意对这件事忍住不说，保持关注，看看孩子处理这个事情的应对过程。

觉察记录：

练习对一件事情的静语

日期：_____   时间：_____

你在做倾听练习1和2的时候，可能会发现，你那一刻没说话，孩子那件事儿也做得不差。这件事儿还在继续发生中，或者会重复发生。你可以练习刻意对这件事忍住不说，保持关注，看看孩子处理这个事情的应对过程。

觉察记录：

倾听练习 3
★★★☆☆

练习对一件事情的静语

日期：_____ 时间：_____

你在做倾听练习1和2的时候，可能会发现，你那一刻没说话，孩子那件事儿也做得不差。这件事儿还在继续发生中，或者会重复发生。你可以练习刻意对这件事忍住不说，保持关注，看看孩子处理这个事情的应对过程。

觉察记录：

练习对一件事情的静语

日期：_____ 时间：_____

你在做倾听练习1和2的时候，可能会发现，你那一刻没说话，孩子那件事儿也做得不差。这件事儿还在继续发生中，或者会重复发生。你可以练习刻意对这件事忍住不说，保持关注，看看孩子处理这个事情的应对过程。

觉察记录：

练习对一件事情的静语

日期：_____ 时间：_____

你在做倾听练习1和2的时候，可能会发现，你那一刻没说话，孩子那件事儿也做得不差。这件事儿还在继续发生中，或者会重复发生。你可以练习刻意对这件事忍住不说，保持关注，看看孩子处理这个事情的应对过程。

觉察记录：

每周复盘

给自己一个专属空间,从最初起步的位置来回看经历了一周的刻意练习,自己做到了哪些,又有怎样的收获和感悟。

在一次次的看见中,我们会逐渐链接到来自内心的力量。

有一群人在一起践行7天闭嘴实操营,
早上听音频,白天觉察,晚上做总结。你也可以哦。

7 DAYS
第三个七天

开启你的倾听觉察之旅吧　>>>

静语 1 ~ 7 天

日期：_____ 时间：_____

做这个练习需要提前告知家人，不要因为骤然静语而引起家人的担心。静语并非禁语，而是尽可能用微笑、点头、眼神、辅之以"嗯啊"等鼓励对方继续说话。同时觉察自己脑海里的各种声音。找时间记录下来。

觉察记录：---

倾听练习 4
★★★☆☆

静语 1 ~ 7 天

日期：_____　　时间：_____

做这个练习需要提前告知家人，不要因为骤然静语而引起家人的担心。静语并非禁语，而是尽可能用微笑、点头、眼神、辅之以"嗯啊"等鼓励对方继续说话。同时觉察自己脑海里的各种声音。找时间记录下来。

觉察记录：

倾听练习 4
★★★☆☆

静语 1 ~ 7 天

日期：_____　　时间：_____

做这个练习需要提前告知家人，不要因为骤然静语而引起家人的担心。静语并非禁语，而是尽可能用微笑、点头、眼神、辅之以"嗯啊"等鼓励对方继续说话。同时觉察自己脑海里的各种声音。找时间记录下来。

觉察记录：

倾听练习 4
★★★☆☆

静语 1 ~ 7 天

日期：_____　　时间：_____

　　做这个练习需要提前告知家人，不要因为骤然静语而引起家人的担心。静语并非禁语，而是尽可能用微笑、点头、眼神、辅之以"嗯啊"等鼓励对方继续说话。同时觉察自己脑海里的各种声音。找时间记录下来。

觉察记录：

倾听练习 4
★★★☆☆

静语 1 ~ 7 天

日期：_____　　时间：_____

　　做这个练习需要提前告知家人，不要因为骤然静语而引起家人的担心。静语并非禁语，而是尽可能用微笑、点头、眼神、辅之以"嗯啊"等鼓励对方继续说话。同时觉察自己脑海里的各种声音。找时间记录下来。

觉察记录：

倾听练习 4
★★★☆☆

每周复盘

给自己一个专属空间,从最初起步的位置来回看经历了一周的刻意练习,自己做到了哪些,又有怎样的收获和感悟。

在一次次的看见中,我们会逐渐链接到来自内心的力量。

有一群人在一起践行7天闭嘴实操营,
早上听音频,白天觉察,晚上做总结。你也可以哦。

第四个七天
DAYS

开启你的倾听觉察之旅吧 >>>

反躬自问

日期：_____　　时间：_____

在做这个练习前，你需要做好足够的心理建设，你需要相信你是足够好的，老天是足够爱你的，你身边发生的让你不如意的事情极有可能是包装丑陋的礼物，当你拆开礼物包，就会收获成长的喜悦。

做好以上心理建设后，再做此练习。

第一步：写下我最讨厌什么样的人。（例：我最讨厌自以为是的人）

第二步：将刚才的句式反转。（例：我就是一个自以为是的人。）

第三步：举例证明自己就是这样的人。（例：我就是一个自以为是的人，我在……时候就是这样的。）

第四步：收礼物。看这其中对自己的觉察又深入了多少。

做完第四步的感受，应该是内心被喜悦充盈。如果不是这样的感受，你可以暂时先不做这个练习。

觉察记录：_____
_____
_____
_____
_____
_____

倾听练习 5
★★★★★

反躬自问

日期：_____ 时间：_____

在做这个练习前，你需要做好足够的心理建设，你需要相信你是足够好的，老天是足够爱你的，你身边发生的让你不如意的事情极有可能是包装丑陋的礼物，当你拆开礼物包，就会收获成长的喜悦。

做好以上心理建设后，再做此练习。

第一步：写下我最讨厌什么样的人。（例：我最讨厌自以为是的人）

第二步：将刚才的句式反转。（例：我就是一个自以为是的人。）

第三步：举例证明自己就是这样的人。（例：我就是一个自以为是的人，我在……时候就是这样的。）

第四步：收礼物。看这其中对自己的觉察又深入了多少。

做完第四步的感受，应该是内心被喜悦充盈。如果不是这样的感受，你可以暂时先不做这个练习。

觉察记录：

反躬自问

日期：_____　　时间：_____

在做这个练习前，你需要做好足够的心理建设，你需要相信你是足够好的，老天是足够爱你的，你身边发生的让你不如意的事情极有可能是包装丑陋的礼物，当你拆开礼物包，就会收获成长的喜悦。

做好以上心理建设后，再做此练习。

第一步：写下我最讨厌什么样的人。（例：我最讨厌自以为是的人）

第二步：将刚才的句式反转。（例：我就是一个自以为是的人。）

第三步：举例证明自己就是这样的人。（例：我就是一个自以为是的人，我在……时候就是这样的。）

第四步：收礼物。看这其中对自己的觉察又深入了多少。

做完第四步的感受，应该是内心被喜悦充盈。如果不是这样的感受，你可以暂时先不做这个练习。

觉察记录：_____

_____

_____

_____

_____

_____

反躬自问

日期：_____　　时间：_____

在做这个练习前，你需要做好足够的心理建设，你需要相信你是足够好的，老天是足够爱你的，你身边发生的让你不如意的事情极有可能是包装丑陋的礼物，当你拆开礼物包，就会收获成长的喜悦。

做好以上心理建设后，再做此练习。

第一步：写下我最讨厌什么样的人。（例：我最讨厌自以为是的人）

第二步：将刚才的句式反转。（例：我就是一个自以为是的人。）

第三步：举例证明自己就是这样的人。（例：我就是一个自以为是的人，我在……时候就是这样的。）

第四步：收礼物。看这其中对自己的觉察又深入了多少。

做完第四步的感受，应该是内心被喜悦充盈。如果不是这样的感受，你可以暂时先不做这个练习。

觉察记录：_____
_____
_____
_____
_____
_____

倾听练习 5
★★★★★

反躬自问

日期：_____　　时间：_____

在做这个练习前，你需要做好足够的心理建设，你需要相信你是足够好的，老天是足够爱你的，你身边发生的让你不如意的事情极有可能是包装丑陋的礼物，当你拆开礼物包，就会收获成长的喜悦。

做好以上心理建设后，再做此练习。

第一步：写下我最讨厌什么样的人。（例：我最讨厌自以为是的人）

第二步：将刚才的句式反转。（例：我就是一个自以为是的人。）

第三步：举例证明自己就是这样的人。（例：我就是一个自以为是的人，我在……时候就是这样的。）

第四步：收礼物。看这其中对自己的觉察又深入了多少。

做完第四步的感受，应该是内心被喜悦充盈。如果不是这样的感受，你可以暂时先不做这个练习。

觉察记录：_____
_____
_____
_____
_____
_____

每周复盘

给自己一个专属空间,从最初起步的位置来回看经历了一周的刻意练习,自己做到了哪些,又有怎样的收获和感悟。

在一次次的看见中,我们会逐渐链接到来自内心的力量。

有一群人在一起践行7天闭嘴实操营,
早上听音频,白天觉察,晚上做总结。你也可以哦。

一月复盘

恭喜你完成了1个月的书写之旅,特别值得给自己一个大大的嘉许!

在这里,特别邀请你对每周的复盘文进行整体回看,看到自己的觉察又深入了多少。

当你发现有很多的声音在重复出现,并指向同一个地方,说明你挖到了"台"。可以到海文颖老师带导的育儿之道课堂,交流互动以获得更大支持。

7 DAYS 接纳力主题手账——倾听

接纳力主题手账
(全5册)

共 情

海文颖 著

电子工业出版社
Publishing House of Electronics Industry
北京·BEIJING

未经许可，不得以任何方式复制或抄袭本书之部分或全部内容。
版权所有，侵权必究。

图书在版编目（CIP）数据

接纳力主题手账．共情／海文颖著．—北京：电子工业出版社，2024.4

ISBN 978-7-121-47468-2

Ⅰ．①接… Ⅱ．①海… Ⅲ．①本册 Ⅳ．① TS951.5

中国国家版本馆 CIP 数据核字（2024）第 052103 号

责任编辑：潘 炜
印　　刷：北京瑞禾彩色印刷有限公司
装　　订：北京瑞禾彩色印刷有限公司
出版发行：电子工业出版社
　　　　　北京市海淀区万寿路 173 信箱　邮编：100036
开　　本：880×1230　1/32　印张：10　字数：256 千字
版　　次：2024 年 4 月第 1 版
印　　次：2024 年 4 月第 1 次印刷
定　　价：220.00 元（全 5 册）

凡所购买电子工业出版社图书有缺损问题，请向购买书店调换。若书店售缺，请与本社发行部联系，联系及邮购电话：（010）88254888，88258888。

质量投诉请发邮件至 zlts@phei.com.cn，盗版侵权举报请发邮件至 dbqq@phei.com.cn。

本书咨询联系方式：（010）88254210，influence@phei.com.cn，微信号：yingxianglibook。

共情从说出感受开始。为啥要说出感受？同样，为了轻松愉快地养孩子，养出轻松愉快的孩子。

孩子的感受，不管是正面感受还是负面感受，你都可以练习说出来。

要知道，感受不分好坏，不分对错。感受好像一滴水，被看见了，它就还是一滴水，被经验了，它就顺遂地流走了；若没有被看到，就会变成情绪泡泡，各种作；看见感受就把情绪泡泡戳破了。

当你面对孩子，忽视他的感受时，很可能会激发他情绪的发作。这时，你说出他的感受，他的情绪会很快消散，回归平静。

当你面对自己，如果你有一直被压抑没有被看见和允许的感受，那个地方便有了情绪按钮，以作的方式来引起你的关注。

要想支持孩子和自己活出生命的自在，共情练习必不可少。

共情练习按轻重程度分为不同★级。

★☆☆☆☆	说出孩子的感受
★★☆☆☆	说出自己的感受
★★★☆☆	回到小时候的场景中，说出那个时候自己的感受
★★★☆☆	留意碎片化的记忆，脑补并试图说出那时候的感受
★★★☆☆	留意别人评价引发的你的感受，去体会它

这组练习中，共情自己是重中之重，因为你不允许自己有的感受，也不会允许孩子有。你的成长是孩子的新起点，所以，大胆地将注意力转到自己身上吧。请对自己多一些耐心，当你一次次说出自己感受时，你会体会到对自己的释然和理解，你就会平静下来，更能够面对生活的挑战。同时，你会理解，孩子也是一样的。于是，你便更愿意去说出孩子的感受了。

第一个七天
7 DAYS

开启你的共情觉察之旅吧　>>>

说出孩子的感受

日期：_____　　时间：_____

　　做过倾听练习的你可以这样自我要求：要么闭嘴，要么说出孩子的感受。刻意练习，只要一张嘴就去说出孩子的感受。并留意孩子听你说他的感受后他的反应。

觉察记录：

共情练习 1
★☆☆☆☆

说出孩子的感受

日期：_____   时间：_____

做过倾听练习的你可以这样自我要求：要么闭嘴，要么说出孩子的感受。刻意练习，只要一张嘴就去说出孩子的感受。并留意孩子听你说他的感受后的他的反应。

觉察记录：---

共情练习 1
★☆☆☆☆

说出自己的感受

日期：_____　时间：_____

这个练习是一个渐进的过程，一开始可能是后知后觉，在日常生活中情绪爆发后，才想起来觉察自己的情绪感受；逐渐到当知当觉，一旦觉察到自己有情绪升起，停顿下来，情绪是对感受的反应，先识别情绪，逐渐找到和说出自己的感受；再之后，先知先觉，对自己在什么状况下会有怎样的感受了如指掌。

不管在哪个阶段你都可以用这样的句式来做练习："我看到我……我感觉到我……"你可以自言自语完成这个练习，事后做觉察记录。也可以用这个句式为开头，启用自由书写的方式来进行练习。

自由书写时，难免会指摘别人。你可以充分的在纸上"指出去"，总之都是别人的错。"要不是他……我才不会……都怪他……"

这个练习允许你把所有的怨气从体内发泄存放到外部（即纸上）。排除干扰之后，你能清晰地看到自己的感受乃至观点。

这个练习到此就可以告一段落了。

今后若有心力，可以从觉察记录中提炼出你最讨厌对方的地方，用作倾听练习5反躬自问的素材。

觉察记录：--

共情练习 2
★★☆☆☆

说出自己的感受

日期：_____　　时间：_____

　　这个练习是一个渐进的过程，一开始可能是后知后觉，在日常生活中情绪爆发后，才想起来觉察自己的情绪感受；逐渐到当知当觉，一旦觉察到自己有情绪升起，停顿下来，情绪是对感受的反应，先识别情绪，逐渐找到和说出自己的感受；再之后，先知先觉，对自己在什么状况下会有怎样的感受了如指掌。

　　不管在哪个阶段你都可以用这样的句式来做练习："我看到我……我感觉到我……"你可以自言自语完成这个练习，事后做觉察记录。也可以用这个句式为开头，启用自由书写的方式来进行练习。

　　自由书写时，难免会指摘别人。你可以充分的在纸上"指出去"，总之都是别人的错。"要不是他……我才不会……都怪他……"

　　这个练习允许你把所有的怨气从体内发泄存放到外部（即纸上）。排除干扰之后，你能清晰地看到自己的感受乃至观点。

　　这个练习到此就可以告一段落了。

　　今后若有心力，可以从觉察记录中提炼出你最讨厌对方的地方，用作倾听练习5反躬自问的素材。

　　觉察记录：_____
_____

共情练习 2
★★☆☆☆

说出自己的感受

日期：_____ 时间：_____

    这个练习是一个渐进的过程，一开始可能是后知后觉，在日常生活中情绪爆发后，才想起来觉察自己的情绪感受；逐渐到当知当觉，一旦觉察到自己有情绪升起，停顿下来，情绪是对感受的反应，先识别情绪，逐渐找到和说出自己的感受；再之后，先知先觉，对自己在什么状况下会有怎样的感受了如指掌。

    不管在哪个阶段你都可以用这样的句式来做练习："我看到我……我感觉到我……"你可以自言自语完成这个练习，事后做觉察记录。也可以用这个句式为开头，启用自由书写的方式来进行练习。

    自由书写时，难免会指摘别人。你可以充分的在纸上"指出去"，总之都是别人的错。"要不是他……我才不会……都怪他……"

    这个练习允许你把所有的怨气从体内发泄存放到外部（即纸上）。排除干扰之后，你能清晰地看到自己的感受乃至观点。

    这个练习到此就可以告一段落了。

    今后若有心力，可以从觉察记录中提炼出你最讨厌对方的地方，用作倾听练习5反躬自问的素材。

觉察记录：_____

_____

共情练习 2
★★☆☆☆

每周复盘

给自己一个专属空间,从最初起步的位置来回看经历了一周的刻意练习,自己做到了哪些,又有怎样的收获和感悟。

在一次次的看见中,我们会逐渐链接到来自内心的力量。

第二个七天
7 DAYS

开启你的共情觉察之旅吧　>>>

练习回到小时候的场景，说出那个时候自己的感受

日期：_____ 时间：_____

年长的家人们，或多或少会提及你小时候的一些事情，对他们来讲可能是一些有趣的小事，但对年幼的你在当时的情境下，可能就是天大的大事。

给自己找一个独处的时间和空间，放上冥想音乐，把自己代入你小时候所处的场景，设身处地去感知一下那个小孩子的感受。

冥想结束时，要好好地拥抱一下小时候的那个自己。

这个练习可以反复做，多次回到小时候的场景中去拥抱那个时候的自己，在时光的上游疗愈自己。

觉察记录：（如做不到可重复练习2）

练习回到小时候的场景，说出那个时候自己的感受

日期：_____   时间：_____

年长的家人们，或多或少会提及你小时候的一些事情，对他们来讲可能是一些有趣的小事，但对年幼的你在当时的情境下，可能就是天大的大事。

给自己找一个独处的时间和空间，放上冥想音乐，把自己代入你小时候所处的场景，设身处地去感知一下那个小孩子的感受。

冥想结束时，要好好地拥抱一下小时候的那个自己。

这个练习可以反复做，多次回到小时候的场景中去拥抱那个时候的自己，在时光的上游疗愈自己。

觉察记录：（如做不到可重复练习2）
_____
_____
_____
_____
_____
_____
_____

共情练习 3
★★★☆☆

练习回到小时候的场景,说出那个时候自己的感受

日期:_____ 时间:_____

年长的家人们,或多或少会提及你小时候的一些事情,对他们来讲可能是一些有趣的小事,但对年幼的你在当时的情境下,可能就是天大的大事。

给自己找一个独处的时间和空间,放上冥想音乐,把自己代入你小时候所处的场景,设身处地去感知一下那个小孩子的感受。

冥想结束时,要好好地拥抱一下小时候的那个自己。

这个练习可以反复做,多次回到小时候的场景中去拥抱那个时候的自己,在时光的上游疗愈自己。

觉察记录:(如做不到可重复练习2)

共情练习 3
★★★☆☆

练习回到小时候的场景,说出那个时候自己的感受

日期: _____ 时间: _____

年长的家人们,或多或少会提及你小时候的一些事情,对他们来讲可能是一些有趣的小事,但对年幼的你在当时的情境下,可能就是天大的大事。

给自己找一个独处的时间和空间,放上冥想音乐,把自己代入你小时候所处的场景,设身处地去感知一下那个小孩子的感受。

冥想结束时,要好好地拥抱一下小时候的那个自己。

这个练习可以反复做,多次回到小时候的场景中去拥抱那个时候的自己,在时光的上游疗愈自己。

觉察记录:(如做不到可重复练习2)

共情练习 3
★★★☆☆

练习回到小时候的场景，说出那个时候自己的感受

日期：_____ 时间：_____

年长的家人们，或多或少会提及你小时候的一些事情，对他们来讲可能是一些有趣的小事，但对年幼的你在当时的情境下，可能就是天大的大事。

给自己找一个独处的时间和空间，放上冥想音乐，把自己代入你小时候所处的场景，设身处地去感知一下那个小孩子的感受。

冥想结束时，要好好地拥抱一下小时候的那个自己。

这个练习可以反复做，多次回到小时候的场景中去拥抱那个时候的自己，在时光的上游疗愈自己。

觉察记录：（如做不到可重复练习2）

每周复盘

给自己一个专属空间,从最初起步的位置来回看经历了一周的刻意练习,自己做到了哪些,又有怎样的收获和感悟。

在一次次的看见中,我们会逐渐链接到来自内心的力量。

第三个七天
7 DAYS

开启你的共情觉察之旅吧　>>>

留意碎片化的记忆，脑补并试图说出那时候的感受

日期：_____ 时间：_____

在你育儿过程中，可能会有某个片段，你觉得曾经发生过。

留意那些带有情绪的碎片化记忆，给自己一个专属的时间和空间，放着冥想音乐，以你现在的人生阅历，脑补并说出当时的感受。

这个练习可以随缘做。反正让你自己难以释怀的育儿记忆，总会寻找表达的出口。你需要做的是：珍惜它，让它在你的育儿中转化为积极的现实意义。

觉察记录：（如做不到可重复练习2、练习3）

共情练习 4
★★★☆☆

留意碎片化的记忆，脑补并试图说出那时候的感受

日期：_____ 时间：_____

在你育儿过程中，可能会有某个片段，你觉得曾经发生过。

留意那些带有情绪的碎片化记忆，给自己一个专属的时间和空间，放着冥想音乐，以你现在的人生阅历，脑补并说出当时的感受。

这个练习可以随缘做。反正让你自己难以释怀的育儿记忆，总会寻找表达的出口。你需要做的是：珍惜它，让它在你的育儿中转化为积极的现实意义。

觉察记录：（如做不到可重复练习2、练习3）

共情练习 ★★★☆☆ 4

留意碎片化的记忆,脑补并试图说出那时候的感受

日期:_____ 时间:_____

在你育儿过程中,可能会有某个片段,你觉得曾经发生过。

留意那些带有情绪的碎片化记忆,给自己一个专属的时间和空间,放着冥想音乐,以你现在的人生阅历,脑补并说出当时的感受。

这个练习可以随缘做。反正让你自己难以释怀的育儿记忆,总会寻找表达的出口。你需要做的是:珍惜它,让它在你的育儿中转化为积极的现实意义。

觉察记录:(如做不到可重复练习2、练习3)

共情练习 4
★★★☆☆

留意碎片化的记忆，脑补并试图说出那时候的感受

日期：_____ 时间：_____

在你育儿过程中，可能会有某个片段，你觉得曾经发生过。

留意那些带有情绪的碎片化记忆，给自己一个专属的时间和空间，放着冥想音乐，以你现在的人生阅历，脑补并说出当时的感受。

这个练习可以随缘做。反正让你自己难以释怀的育儿记忆，总会寻找表达的出口。你需要做的是：珍惜它，让它在你的育儿中转化为积极的现实意义。

觉察记录：（如做不到可重复练习2、练习3）

共情练习 4
★★★☆☆

留意碎片化的记忆,脑补并试图说出那时候的感受

日期:_____ 时间:_____

在你育儿过程中,可能会有某个片段,你觉得曾经发生过。

留意那些带有情绪的碎片化记忆,给自己一个专属的时间和空间,放着冥想音乐,以你现在的人生阅历,脑补并说出当时的感受。

这个练习可以随缘做。反正让你自己难以释怀的育儿记忆,总会寻找表达的出口。你需要做的是:珍惜它,让它在你的育儿中转化为积极的现实意义。

觉察记录:(如做不到可重复练习2、练习3)

共情练习 4
★★★☆☆

每周复盘

 给自己一个专属空间,从最初起步的位置来回看经历了一周的刻意练习,自己做到了哪些,又有怎样的收获和感悟。

 在一次次的看见中,我们会逐渐链接到来自内心的力量。

第四个七天
DAYS

开启你的共情觉察之旅吧　>>>

留意别人评价引发的你的感受，体会它

日期：_____   时间：_____

不管你乐意不乐意，平时总会有些人评价你，有些评价可能给你带来强烈的情绪或者感受。这种时候可以做这个练习。

第一步，记录这些评价，在独处时叩问自己：这些评价是真的吗？（例：你怎么又胖了？这个评价是真的。）

第二步，你听到这样评价的时候，情绪和感受是怎样的？（例：情绪很烦躁，想怼回去，深深地体会一下自己的感受，发现感受有些羞愧。）

第三步，这个评价的反面，你是否也有？（例：你怎么又瘦了？）

第四步，如果听到反面的评价，你的情绪和感受是怎样的？（例：情绪还是很烦躁，想怼回去。深深地体会一下自己的感受，感受还是有些羞愧。）

第五步，看看对自己的觉察又多了哪些？（例：我就是很讨厌别人对我身体胖瘦的评价，好像我长相不如别人所想的，我就不够好似的。可要让我长得如别人所想，根本做不到呀。）

这个练习做到第五步，会让你心中平添一种力量，做自己就好。

觉察记录：-----------------------------------

留意别人评价引发的你的感受，体会它

日期：_____ 时间：_____

不管你乐意不乐意，平时总会有些人评价你，有些评价可能给你带来强烈的情绪或者感受。这种时候可以做这个练习。

第一步，记录这些评价，在独处时叩问自己：这些评价是真的吗？（例：你怎么又胖了？这个评价是真的。）

第二步，你听到这样评价的时候，情绪和感受是怎样的？（例：情绪很烦躁，想怼回去，深深地体会一下自己的感受，发现感受有些羞愧。）

第三步，这个评价的反面，你是否也有？（例：你怎么又瘦了？）

第四步，如果听到反面的评价，你的情绪和感受是怎样的？（例：情绪还是很烦躁，想怼回去。深深地体会一下自己的感受，感受还是有些羞愧。）

第五步，看看对自己的觉察又多了哪些？（例：我就是很讨厌别人对我身体胖瘦的评价，好像我长相不如别人所想的，我就不够好似的。可要让我长得如别人所想，根本做不到呀。）

这个练习做到第五步，会让你心中平添一种力量，做自己就好。

觉察记录：--

留意别人评价引发的你的感受，体会它

日期：_____　时间：_____

不管你乐意不乐意，平时总会有些人评价你，有些评价可能给你带来强烈的情绪或者感受。这种时候可以做这个练习。

第一步，记录这些评价，在独处时叩问自己：这些评价是真的吗？（例：你怎么又胖了？这个评价是真的。）

第二步，你听到这样评价的时候，情绪和感受是怎样的？（例：情绪很烦躁，想怼回去，深深地体会一下自己的感受，发现感受有些羞愧。）

第三步，这个评价的反面，你是否也有？（例：你怎么又瘦了？）

第四步，如果听到反面的评价，你的情绪和感受是怎样的？（例：情绪还是很烦躁，想怼回去。深深地体会一下自己的感受，感受还是有些羞愧。）

第五步，看看对自己的觉察又多了哪些？（例：我就是很讨厌别人对我身体胖瘦的评价，好像我长相不如别人所想的，我就不够好似的。可要让我长得如别人所想，根本做不到呀。）

这个练习做到第五步，会让你心中平添一种力量，做自己就好。

觉察记录：--

共情练习
★★★☆☆ 5

留意别人评价引发的你的感受，体会它

日期：_____　　时间：_____

不管你乐意不乐意，平时总会有些人评价你，有些评价可能给你带来强烈的情绪或者感受。这种时候可以做这个练习。

第一步，记录这些评价，在独处时叩问自己：这些评价是真的吗？（例：你怎么又胖了？这个评价是真的。）

第二步，你听到这样评价的时候，情绪和感受是怎样的？（例：情绪很烦躁，想怼回去，深深地体会一下自己的感受，发现感受有些羞愧。）

第三步，这个评价的反面，你是否也有？（例：你怎么又瘦了？）

第四步，如果听到反面的评价，你的情绪和感受是怎样的？（例：情绪还是很烦躁，想怼回去。深深地体会一下自己的感受，感受还是有些羞愧。）

第五步，看看对自己的觉察又多了哪些？（例：我就是很讨厌别人对我身体胖瘦的评价，好像我长相不如别人所想的，我就不够好似的。可要让我长得如别人所想，根本做不到呀。）

这个练习做到第五步，会让你心中平添一种力量，做自己就好。

觉察记录：------------------------------------

留意别人评价引发的你的感受，体会它

日期：_____   时间：_____

不管你乐意不乐意，平时总会有些人评价你，有些评价可能给你带来强烈的情绪或者感受。这种时候可以做这个练习。

第一步，记录这些评价，在独处时叩问自己：这些评价是真的吗？（例：你怎么又胖了？这个评价是真的。）

第二步，你听到这样评价的时候，情绪和感受是怎样的？（例：情绪很烦躁，想怼回去，深深地体会一下自己的感受，发现感受有些羞愧。）

第三步，这个评价的反面，你是否也有？（例：你怎么又瘦了？）

第四步，如果听到反面的评价，你的情绪和感受是怎样的？（例：情绪还是很烦躁，想怼回去。深深地体会一下自己的感受，感受还是有些羞愧。）

第五步，看看对自己的觉察又多了哪些？（例：我就是很讨厌别人对我身体胖瘦的评价，好像我长相不如别人所想的，我就不够好似的。可要让我长得如别人所想，根本做不到呀。）

这个练习做到第五步，会让你心中平添一种力量，做自己就好。

觉察记录：-----------------------------------

共情练习 ★★★☆☆ 5

每周复盘

给自己一个专属空间,从最初起步的位置来回看经历了一周的刻意练习,自己做到了哪些,又有怎样的收获和感悟。

在一次次的看见中,我们会逐渐链接到来自内心的力量。

一月复盘

恭喜你完成了1个月的书写之旅,特别值得给自己一个大大的嘉许!

在这里,特别邀请你对每周的复盘文进行整体回看,看下自己有怎样的感受被唤醒,哪些记忆的碎片被懂得。

如果你在厘清记忆碎片时,陷入了强烈的情绪漩涡,无法靠自己一个人的力量走出来,可以到海文颖老师带导的育儿之道课堂,交流互动以获得更大支持。

------

7 DAYS 接纳力主题手账——共情

接纳力主题手账
（全5册）
划界限

海文颖 著

电子工业出版社
Publishing House of Electronics Industry
北京·BEIJING

未经许可,不得以任何方式复制或抄袭本书之部分或全部内容。
版权所有,侵权必究。

图书在版编目(CIP)数据

接纳力主题手账.划界限/海文颖著.—北京:电子工业出版社,
2024.4

ISBN 978-7-121-47468-2

Ⅰ.①接… Ⅱ.①海… Ⅲ.①本册 Ⅳ.① TS951.5

中国国家版本馆 CIP 数据核字(2024)第 052787 号

责任编辑:潘 炜
印　　刷:北京瑞禾彩色印刷有限公司
装　　订:北京瑞禾彩色印刷有限公司
出版发行:电子工业出版社
　　　　　北京市海淀区万寿路 173 信箱　邮编:100036
开　　本:880×1230　1/32　印张:10　字数:256 千字
版　　次:2024 年 4 月第 1 版
印　　次:2024 年 4 月第 1 次印刷
定　　价:220.00 元(全 5 册)

凡所购买电子工业出版社图书有缺损问题,请向购买书店调换。若书店售缺,请与本社发行部联系,联系及邮购电话:(010)88254888,88258888。

质量投诉请发邮件至 zlts@phei.com.cn,盗版侵权举报请发邮件至 dbqq@phei.com.cn。

本书咨询联系方式:(010)88254210,influence@phei.com.cn,微信号:yingxianglibook。

作为父母，在与孩子从小到大的互动中，一定会用"你应该""你不可以"带领孩子一步一步认知现实世界。随着孩子年龄的长大，曾经的"你应该""你不可以"需要与时俱进地被迭代更新，腾挪出更多的空间让孩子折腾。这样便实现了父母得体的退出，同时也成就了孩子生命逐渐走向成熟、自由、绽放。

一次次带领孩子认识和确定他的领地边界，就是划界限。

但若是你从小被植入的"你应该""你不可以"尚未得到检视，未曾得到迭代更新。你很难做到对界限尺度的把握。

所以，练习划界限，实则是一个再次觉察自己认知的过程。也许其中有不少错误的逻辑或信念，称为"台"，这时便可以"拆台"，即：去除这些滞碍你生命走向自由的错误逻辑或信念！

划界限练习按轻重程度分为不同★级。

★★☆☆☆	带孩子建立领地空间的概念
★★☆☆☆	更新和扩大孩子的领地空间
★★★☆☆	搞明白自己的领地
★★★☆☆	在领地界限内折腾自己
★★☆☆☆	给自己写一份封信《我可以》

划界限练习，需要"忍"和"狠"。

忍得住，不要未请自来地对孩子领地插手，又能下狠手对自己的内在领地空间进行实质性地清理和重塑。这有可能会借用到倾听练习中的反躬自问，各位可以量力而行。

海心报

第一个七天
DAYS

开启你的划界限觉察之旅吧　>>>

带孩子建立领地空间的概念

日期：_____ 时间：_____

依据孩子的个性特质和年龄大小，选一个你在心理上没有不适感的领地空间划归孩子，让他来做主人。先让你和孩子有一个成功的划界限案例，这是这个练习的目的。

第一步：选择心理上没有不适感的领地空间划归给孩子。（例：给一岁半的孩子一个小桌子，把续好水的喝水杯放在桌上，他可以自己决定每天什么时候喝水，喝多少。）

第二步：协助孩子认识并确定自己的领地边界。需要说一遍，再示范做一遍。（例："宝贝，从今天起，这个小桌子就是你的了，今后妈妈会帮你把喝水杯倒上水，放在这个小桌子上，你自己决定什么时候喝多少。你应该渴了就到小桌子这儿来喝水，不可以端着水杯到处跑。"这样说完后，你再示范做一遍：假装渴了，跑到桌子这来喝一下水，放好水杯再去玩。）

第三步：在孩子练习做自己领地主人的时候，难免会有一些意外发生。这个时候需要的是支持，而不是指责。需要的是能够让孩子一起参与建设性的行为，而不是你骂他，你又帮他善后。（例："呀，水杯打翻了，水流得到处都是。来，咱们拿抹布把它擦一下就好。）

第四步：欣赏、肯定、鼓励。用欣赏的目光，肯定性的语言，鼓励孩子对自己领地的掌控感。（例："你好棒哦，把自己桌子擦得干干净净

的。哇塞,都可以照出人影来啦!")

只要你愿意开始,你总是可以找到一个适合你家孩子的切入口,划一块领地给他,让他体验到当一个领地主人的成就感和掌控感。

觉察记录:

带孩子建立领地空间的概念

日期：_____   时间：_____

依据孩子的个性特质和年龄大小，选一个你在心理上没有不适感的领地空间划归孩子，让他来做主人。先让你和孩子有一个成功的划界限案例，这是这个练习的目的。

第一步：选择心理上没有不适感的领地空间划归给孩子。（例：给一岁半的孩子一个小桌子，把续好水的喝水杯放在桌上，他可以自己决定每天什么时候喝水，喝多少。）

第二步：协助孩子认识并确定自己的领地边界。需要说一遍，再示范做一遍。（例："宝贝，从今天起，这个小桌子就是你的了，今后妈妈会帮你把喝水杯倒上水，放在这个小桌子上，你自己决定什么时候喝多少。你应该渴了就到小桌子这儿来喝水，不可以端着水杯到处跑。"这样说完后，你再示范做一遍：假装渴了，跑到桌子这来喝一下水，放好水杯再去玩。）

第三步：在孩子练习做自己领地主人的时候，难免会有一些意外发生。这个时候需要的是支持，而不是指责。需要的是能够让孩子一起参与建设性的行为，而不是你骂他，你又帮他善后。（例："呀，水杯打翻了，水流得到处都是。来，咱们拿抹布把它擦一下就好。）

第四步：欣赏、肯定、鼓励。用欣赏的目光，肯定性的语言，鼓励孩子对自己领地的掌控感。（例："你好棒哦，把自己桌子擦得干干净净

划界限练习 1
★★☆☆☆

的。哇塞，都可以照出人影来啦！"）

只要你愿意开始，你总是可以找到一个适合你家孩子的切入口，划一块领地给他，让他体验到当一个领地主人的成就感和掌控感。

觉察记录：

带孩子建立领地空间的概念

日期：_____　　时间：_____

依据孩子的个性特质和年龄大小，选一个你在心理上没有不适感的领地空间划归孩子，让他来做主人。先让你和孩子有一个成功的划界限案例，这是这个练习的目的。

第一步：选择心理上没有不适感的领地空间划归给孩子。（例：给一岁半的孩子一个小桌子，把续好水的喝水杯放在桌上，他可以自己决定每天什么时候喝水，喝多少。）

第二步：协助孩子认识并确定自己的领地边界。需要说一遍，再示范做一遍。（例："宝贝，从今天起，这个小桌子就是你的了，今后妈妈会帮你把喝水杯倒上水，放在这个小桌子上，你自己决定什么时候喝多少。你应该渴了就到小桌子这儿来喝水，不可以端着水杯到处跑。"这样说完后，你再示范做一遍：假装渴了，跑到桌子这来喝一下水，放好水杯再去玩。）

第三步：在孩子练习做自己领地主人的时候，难免会有一些意外发生。这个时候需要的是支持，而不是指责。需要的是能够让孩子一起参与建设性的行为，而不是你骂他，你又帮他善后。（例："呀，水杯打翻了，水流得到处都是。来，咱们拿抹布把它擦一下就好。）

第四步：欣赏、肯定、鼓励。用欣赏的目光，肯定性的语言，鼓励孩子对自己领地的掌控感。（例："你好棒哦，把自己桌子擦得干干净净

划界限练习 1
★★☆☆☆

的。哇塞,都可以照出人影来啦!")

只要你愿意开始,你总是可以找到一个适合你家孩子的切入口,划一块领地给他,让他体验到当一个领地主人的成就感和掌控感。

觉察记录:

带孩子建立领地空间的概念

日期：_____　　时间：_____

依据孩子的个性特质和年龄大小，选一个你在心理上没有不适感的领地空间划归孩子，让他来做主人。先让你和孩子有一个成功的划界限案例，这是这个练习的目的。

第一步：选择心理上没有不适感的领地空间划归给孩子。（例：给一岁半的孩子一个小桌子，把续好水的喝水杯放在桌上，他可以自己决定每天什么时候喝水，喝多少。）

第二步：协助孩子认识并确定自己的领地边界。需要说一遍，再示范做一遍。（例："宝贝，从今天起，这个小桌子就是你的了，今后妈妈会帮你把喝水杯倒上水，放在这个小桌子上，你自己决定什么时候喝多少。你应该渴了就到小桌子这儿来喝水，不可以端着水杯到处跑。"这样说完后，你再示范做一遍：假装渴了，跑到桌子这来喝一下水，放好水杯再去玩。）

第三步：在孩子练习做自己领地主人的时候，难免会有一些意外发生。这个时候需要的是支持，而不是指责。需要的是能够让孩子一起参与建设性的行为，而不是你骂他，你又帮他善后。（例："呀，水杯打翻了，水流得到处都是。来，咱们拿抹布把它擦一下就好。）

第四步：欣赏、肯定、鼓励。用欣赏的目光，肯定性的语言，鼓励孩子对自己领地的掌控感。（例："你好棒哦，把自己桌子擦得干干净净

的。哇塞,都可以照出人影来啦!")

只要你愿意开始,你总是可以找到一个适合你家孩子的切入口,划一块领地给他,让他体验到当一个领地主人的成就感和掌控感。

觉察记录:

带孩子建立领地空间的概念

日期：_____ 时间：_____

依据孩子的个性特质和年龄大小，选一个你在心理上没有不适感的领地空间划归孩子，让他来做主人。先让你和孩子有一个成功的划界限案例，这是这个练习的目的。

第一步：选择心理上没有不适感的领地空间划归给孩子。（例：给一岁半的孩子一个小桌子，把续好水的喝水杯放在桌上，他可以自己决定每天什么时候喝水，喝多少。）

第二步：协助孩子认识并确定自己的领地边界。需要说一遍，再示范做一遍。（例："宝贝，从今天起，这个小桌子就是你的了，今后妈妈会帮你把喝水杯倒上水，放在这个小桌子上，你自己决定什么时候喝多少。你应该渴了就到小桌子这儿来喝水，不可以端着水杯到处跑。"这样说完后，你再示范做一遍：假装渴了，跑到桌子这来喝一下水，放好水杯再去玩。）

第三步：在孩子练习做自己领地主人的时候，难免会有一些意外发生。这个时候需要的是支持，而不是指责。需要的是能够让孩子一起参与建设性的行为，而不是你骂他，你又帮他善后。（例："呀，水杯打翻了，水流得到处都是。来，咱们拿抹布把它擦一下就好。）

第四步：欣赏、肯定、鼓励。用欣赏的目光，肯定性的语言，鼓励孩子对自己领地的掌控感。（例："你好棒哦，把自己桌子擦得干干净净

的。哇塞，都可以照出人影来啦！"）

只要你愿意开始，你总是可以找到一个适合你家孩子的切入口，划一块领地给他，让他体验到当一个领地主人的成就感和掌控感。

觉察记录：

每周复盘

给自己一个专属空间,从最初起步的位置来回看经历了一周的刻意练习,自己做到了哪些,又有怎样的收获和感悟。

在一次次的看见中,我们会逐渐链接到来自内心的力量。

7 第二个七天
DAYS

开启你的划界限觉察之旅吧　>>>

更新和扩大孩子的领地空间

日期：_____ 时间：_____

在你和孩子已经有过至少一个成功的划界限案例之后，可以做这个练习了。

找一个让你纠结的领地，你觉得是孩子的事，又觉得不能不管，要不然出不来好的结果；但是管了，你心里又很不舒畅，觉得吃力不讨好，还落埋怨，亲子关系紧张。

第一步：做好心理建设，以意义来激发自己，确定划界限的领地。（例：为了培养孩子的独立性，不再亲力亲为对小学三年级孩子的学习进行辅导。）

第二步：确定一个时间点，提前和孩子宣告他的领地空间并获得理解。（例："今天开始你就是一位小学三年级的学生了，可以开始独立为自己的作业负责啦！从今天开始，妈妈不再主动辅导你的作业啦。作业是你自己的事情，你需要帮忙的时候可以过来找妈妈。"）

第三步：在孩子练习做自己领地主人的时候，忘了做、做不到、做错了，都很正常。你需要做的是忍和等。（例：实在忍不住的时候询问一下："你需要妈妈帮忙吗？"）

第四步：哪怕口是心非，也要说出来欣赏的话语，欣赏孩子确实做到的部分。（例："没有妈妈的辅导，你考62分中的每一分都是你的努力，是你自己挣来的。妈妈为你感到骄傲！"）

划界限练习 2

★★☆☆☆

第五步:嘉许自己。作为随时有能力有权利去越界的成人,能够忍住满腹的焦虑和担心,主动与约束自己,不越界。你简直太棒啦!

觉察记录:

更新和扩大孩子的领地空间

日期：_____ 时间：_____

在你和孩子已经有过至少一个成功的划界限案例之后，可以做这个练习了。

找一个让你纠结的领地，你觉得是孩子的事，又觉得不能不管，要不然出不来好的结果；但是管了，你心里又很不舒畅，觉得吃力不讨好，还落埋怨，亲子关系紧张。

第一步：做好心理建设，以意义来激发自己，确定划界限的领地。（例：为了培养孩子的独立性，不再亲力亲为对小学三年级孩子的学习进行辅导。）

第二步：确定一个时间点，提前和孩子宣告他的领地空间并获得理解。（例："今天开始你就是一位小学三年级的学生了，可以开始独立为自己的作业负责啦！从今天开始，妈妈不再主动辅导你的作业啦。作业是你自己的事情，你需要帮忙的时候可以过来找妈妈。"）

第三步：在孩子练习做自己领地主人的时候，忘了做、做不到、做错了，都很正常。你需要做的是忍和等。（例：实在忍不住的时候询问一下："你需要妈妈帮忙吗？"）

第四步：哪怕口是心非，也要说出来欣赏的话语，欣赏孩子确实做到的部分。（例："没有妈妈的辅导，你考62分中的每一分都是你的努力，是你自己挣来的。妈妈为你感到骄傲！"）

划界限练习 2
★★☆☆☆

第五步：嘉许自己。作为随时有能力有权利去越界的成人，能够忍住满腹的焦虑和担心，主动与约束自己，不越界。你简直太棒啦！

觉察记录：

更新和扩大孩子的领地空间

日期：_____　　时间：_____

在你和孩子已经有过至少一个成功的划界限案例之后，可以做这个练习了。

找一个让你纠结的领地，你觉得是孩子的事，又觉得不能不管，要不然出不来好的结果；但是管了，你心里又很不舒畅，觉得吃力不讨好，还落埋怨，亲子关系紧张。

第一步：做好心理建设，以意义来激发自己，确定划界限的领地。（例：为了培养孩子的独立性，不再亲力亲为对小学三年级孩子的学习进行辅导。）

第二步：确定一个时间点，提前和孩子宣告他的领地空间并获得理解。（例："今天开始你就是一位小学三年级的学生了，可以开始独立为自己的作业负责啦！从今天开始，妈妈不再主动辅导你的作业啦。作业是你自己的事情，你需要帮忙的时候可以过来找妈妈。"）

第三步：在孩子练习做自己领地主人的时候，忘了做、做不到、做错了，都很正常。你需要做的是忍和等。（例：实在忍不住的时候询问一下："你需要妈妈帮忙吗？"）

第四步：哪怕口是心非，也要说出来欣赏的话语，欣赏孩子确实做到的部分。（例："没有妈妈的辅导，你考62分中的每一分都是你的努力，是你自己挣来的。妈妈为你感到骄傲！"）

划界限练习 2
★★☆☆☆

第五步：嘉许自己。作为随时有能力有权利去越界的成人，能够忍住满腹的焦虑和担心，主动与约束自己，不越界。你简直太棒啦！

觉察记录：

更新和扩大孩子的领地空间

日期：_____　　时间：_____

在你和孩子已经有过至少一个成功的划界限案例之后，可以做这个练习了。

找一个让你纠结的领地，你觉得是孩子的事，又觉得不能不管，要不然出不来好的结果；但是管了，你心里又很不舒畅，觉得吃力不讨好，还落埋怨，亲子关系紧张。

第一步：做好心理建设，以意义来激发自己，确定划界限的领地。（例：为了培养孩子的独立性，不再亲力亲为对小学三年级孩子的学习进行辅导。）

第二步：确定一个时间点，提前和孩子宣告他的领地空间并获得理解。（例："今天开始你就是一位小学三年级的学生了，可以开始独立为自己的作业负责啦！从今天开始，妈妈不再主动辅导你的作业啦。作业是你自己的事情，你需要帮忙的时候可以过来找妈妈。"）

第三步：在孩子练习做自己领地主人的时候，忘了做、做不到、做错了，都很正常。你需要做的是忍和等。（例：实在忍不住的时候询问一下："你需要妈妈帮忙吗？"）

第四步：哪怕口是心非，也要说出来欣赏的话语，欣赏孩子确实做到的部分。（例："没有妈妈的辅导，你考62分中的每一分都是你的努力，是你自己挣来的。妈妈为你感到骄傲！"）

划界限练习 2
★★☆☆☆

第五步：嘉许自己。作为随时有能力有权利去越界的成人，能够忍住满腹的焦虑和担心，主动与约束自己，不越界。你简直太棒啦！

觉察记录：

更新和扩大孩子的领地空间

日期：_____   时间：_____

在你和孩子已经有过至少一个成功的划界限案例之后，可以做这个练习了。

找一个让你纠结的领地，你觉得是孩子的事，又觉得不能不管，要不然出不来好的结果；但是管了，你心里又很不舒畅，觉得吃力不讨好，还落埋怨，亲子关系紧张。

第一步：做好心理建设，以意义来激发自己，确定划界限的领地。（例：为了培养孩子的独立性，不再亲力亲为对小学三年级孩子的学习进行辅导。）

第二步：确定一个时间点，提前和孩子宣告他的领地空间并获得理解。（例："今天开始你就是一位小学三年级的学生了，可以开始独立为自己的作业负责啦！从今天开始，妈妈不再主动辅导你的作业啦。作业是你自己的事情，你需要帮忙的时候可以过来找妈妈。"）

第三步：在孩子练习做自己领地主人的时候，忘了做、做不到、做错了，都很正常。你需要做的是忍和等。（例：实在忍不住的时候询问一下："你需要妈妈帮忙吗？"）

第四步：哪怕口是心非，也要说出来欣赏的话语，欣赏孩子确实做到的部分。（例："没有妈妈的辅导，你考62分中的每一分都是你的努力，是你自己挣来的。妈妈为你感到骄傲！"）

划界限练习 2
★★☆☆☆

第五步：嘉许自己。作为随时有能力有权利去越界的成人，能够忍住满腹的焦虑和担心，主动与约束自己，不越界。你简直太棒啦！

觉察记录：

每周复盘

给自己一个专属空间,从最初起步的位置来回看经历了一周的刻意练习,自己做到了哪些,又有怎样的收获和感悟。

在一次次的看见中,我们会逐渐链接到来自内心的力量。

第三个七天
7 DAYS

开启你的划界限觉察之旅吧　>>>

搞明白自己的领地

日期：_____ 时间：_____

这次找一个让你自己纠结的领地，你觉得是你的事儿，但总被别人侵扰，你想拒绝却说不出口，没拒绝又心里气恼。

当你决定在这个纠结的地方划界限，你需要知道，你的变化会给其他干系人在心理上造成不适，因你的改变会给彼此的关系带来重新确认和适应的过程。一旦决定划界限，你需要坚持住。

第一步：做好心理建设，以意义来激发自己，确定划界限的领地和预备开启的时间。

第二步：与相关干系人提前沟通你期待的领地边界并获得理解。

第三步：你练习在新的领地边界内做事情时，难免有做不到的时候，承认自己没做到，可以坦然求助，并作为主人翁表示感谢帮助。

第四步：坚持练习做自己领地的主人。

第五步：嘉许自己，守住了界限。

觉察记录：_____

_____

_____

_____

_____

划界限练习 3
★★★☆☆

搞明白自己的领地

日期：_____ 时间：_____

这次找一个让你自己纠结的领地，你觉得是你的事儿，但总被别人侵扰，你想拒绝却说不出口，没拒绝又心里气恼。

当你决定在这个纠结的地方划界限，你需要知道，你的变化会给其他干系人在心理上造成不适，因你的改变会给彼此的关系带来重新确认和适应的过程。一旦决定划界限，你需要坚持住。

第一步：做好心理建设，以意义来激发自己，确定划界限的领地和预备开启的时间。

第二步：与相关干系人提前沟通你期待的领地边界并获得理解。

第三步：你练习在新的领地边界内做事情时，难免有做不到的时候，承认自己没做到，可以坦然求助，并作为主人翁表示感谢帮助。

第四步：坚持练习做自己领地的主人。

第五步：嘉许自己，守住了界限。

觉察记录：_____

_____

_____

_____

_____

搞明白自己的领地

日期：_____ 时间：_____

这次找一个让你自己纠结的领地，你觉得是你的事儿，但总被别人侵扰，你想拒绝却说不出口，没拒绝又心里气恼。

当你决定在这个纠结的地方划界限，你需要知道，你的变化会给其他干系人在心理上造成不适，因你的改变会给彼此的关系带来重新确认和适应的过程。一旦决定划界限，你需要坚持住。

第一步：做好心理建设，以意义来激发自己，确定划界限的领地和预备开启的时间。

第二步：与相关干系人提前沟通你期待的领地边界并获得理解。

第三步：你练习在新的领地边界内做事情时，难免有做不到的时候，承认自己没做到，可以坦然求助，并作为主人翁表示感谢帮助。

第四步：坚持练习做自己领地的主人。

第五步：嘉许自己，守住了界限。

觉察记录：_____

_____

_____

_____

_____

划界限练习 3

搞明白自己的领地

日期：_____ 时间：_____

这次找一个让你自己纠结的领地，你觉得是你的事儿，但总被别人侵扰，你想拒绝却说不出口，没拒绝又心里气恼。

当你决定在这个纠结的地方划界限，你需要知道，你的变化会给其他干系人在心理上造成不适，因你的改变会给彼此的关系带来重新确认和适应的过程。一旦决定划界限，你需要坚持住。

第一步：做好心理建设，以意义来激发自己，确定划界限的领地和预备开启的时间。

第二步：与相关干系人提前沟通你期待的领地边界并获得理解。

第三步：你练习在新的领地边界内做事情时，难免有做不到的时候，承认自己没做到，可以坦然求助，并作为主人翁表示感谢帮助。

第四步：坚持练习做自己领地的主人。

第五步：嘉许自己，守住了界限。

觉察记录：--

划界限练习 3
★★★☆☆

搞明白自己的领地

日期：_____ 时间：_____

这次找一个让你自己纠结的领地，你觉得是你的事儿，但总被别人侵扰，你想拒绝却说不出口，没拒绝又心里气恼。

当你决定在这个纠结的地方划界限，你需要知道，你的变化会给其他干系人在心理上造成不适，因你的改变会给彼此的关系带来重新确认和适应的过程。一旦决定划界限，你需要坚持住。

第一步：做好心理建设，以意义来激发自己，确定划界限的领地和预备开启的时间。

第二步：与相关干系人提前沟通你期待的领地边界并获得理解。

第三步：你练习在新的领地边界内做事情时，难免有做不到的时候，承认自己没做到，可以坦然求助，并作为主人翁表示感谢帮助。

第四步：坚持练习做自己领地的主人。

第五步：嘉许自己，守住了界限。

觉察记录：--

划界限练习 3
★★★☆☆

每周复盘

给自己一个专属空间,从最初起步的位置来回看经历了一周的刻意练习,自己做到了哪些,又有怎样的收获和感悟。

在一次次的看见中,我们会逐渐链接到来自内心的力量。

第四个七天
DAYS

开启你的划界限觉察之旅吧　>>>

在领地界限内折腾自己

日期：_____ 时间：_____

虽然有纠结，但你已经验证了自己有能力守住界限。这时，你就可以做这个练习啦。

你可以充分地在领地界限内折腾自己。所谓折腾自己是指从纠结入手，顺藤摸瓜找出相关联的信念和逻辑，然后，对自己下狠手，拆掉已经不合时宜的信念或逻辑，还自己生命一份自由。

第一步：叩问自己："我纠结，是因为……"

第二步：检视上边列出的理由，是真的吗？百分之百是真的吗？为什么？

第三步：当你坚信某个理由100%是真的，你会怎样做？

第四步：而当你愿意放下这个理由，你会怎样做？

第五步：逐条审视理由背后的为什么（在第二条中写的），看哪些信念和逻辑需要被清除，或者被替换。

第六步：若在过程中有很强的情绪、感受，可以辅之以共情练习。

觉察记录：------------------------------------

划界限练习 4

在领地界限内折腾自己

日期：_____　　时间：_____

虽然有纠结，但你已经验证了自己有能力守住界限。这时，你就可以做这个练习啦。

你可以充分地在领地界限内折腾自己。所谓折腾自己是指从纠结入手，顺藤摸瓜找出相关联的信念和逻辑，然后，对自己下狠手，拆掉已经不合时宜的信念或逻辑，还自己生命一份自由。

第一步：叩问自己："我纠结，是因为……"

第二步：检视上边列出的理由，是真的吗？百分之百是真的吗？为什么？

第三步：当你坚信某个理由100%是真的，你会怎样做？

第四步：而当你愿意放下这个理由，你会怎样做？

第五步：逐条审视理由背后的为什么（在第二条中写的），看哪些信念和逻辑需要被清除，或者被替换。

第六步：若在过程中有很强的情绪、感受，可以辅之以共情练习。

觉察记录：

划界限练习 4
★★★☆☆

给自己写一封信《我可以》

日期：_____　　时间：_____

这个练习是协助你批量性地去除不合时宜的信念或者错误的逻辑。

多年在江湖上行走，你的内在或多或少都会住着各种评判和要求。每做一次这个练习，会让你重新审视这些评判和要求，会让你一次又一次拿回生命的选择权。

第一步：特别留意今天你所说出去的、别人说给你听的、你所感受到的、所有的"应该"和"不可以""不应该"，并以"你"为人称代词记录下来。（例：你应该孝顺妈妈，你应该接受妈妈的馈赠。你应该尊重孩子，不应该强迫他接受你认为好的东西。）

第二步：可以把以上每条都念一遍录下来，循环播放，让自己听，静静地体会一下自己的感受。（例：有些听起来好压抑，有些还好。）

第三步：根据以上内容，反转，写一篇《我可以》，以"怎样都是可以的，但我选择……"为结尾。并诵读出来。（例：我可以接受妈妈的馈赠，也可以拒绝；我可以尊重孩子，也可以强迫他接受我认为好的东西……怎样都是可以的。但我选择尊重我们彼此的界限。）

觉察记录：_____

_____

_____

划界限练习 5
★★☆☆☆

给自己写一封信《我可以》

日期：_____　　时间：_____

这个练习是协助你批量性地去除不合时宜的信念或者错误的逻辑。

多年在江湖上行走，你的内在或多或少都会住着各种评判和要求。每做一次这个练习，会让你重新审视这些评判和要求，会让你一次又一次拿回生命的选择权。

第一步：特别留意今天你所说出去的、别人说给你听的、你所感受到的、所有的"应该"和"不可以""不应该"，并以"你"为人称代词记录下来。（例：你应该孝顺妈妈，你应该接受妈妈的馈赠。你应该尊重孩子，不应该强迫他接受你认为好的东西。）

第二步：可以把以上每条都念一遍录下来，循环播放，让自己听，静静地体会一下自己的感受。（例：有些听起来好压抑，有些还好。）

第三步：根据以上内容，反转，写一篇《我可以》，以"怎样都是可以的，但我选择……"为结尾。并诵读出来。（例：我可以接受妈妈的馈赠，也可以拒绝；我可以尊重孩子，也可以强迫他接受我认为好的东西……怎样都是可以的。但我选择尊重我们彼此的界限。）

觉察记录：————————————————————
————————————————————————
————————————————————————

给自己写一封信《我可以》

日期：_____ 时间：_____

这个练习是协助你批量性地去除不合时宜的信念或者错误的逻辑。

多年在江湖上行走，你的内在或多或少都会住着各种评判和要求。每做一次这个练习，会让你重新审视这些评判和要求，会让你一次又一次拿回生命的选择权。

第一步：特别留意今天你所说出去的、别人说给你听的、你所感受到的、所有的"应该"和"不可以""不应该"，并以"你"为人称代词记录下来。（例：你应该孝顺妈妈，你应该接受妈妈的馈赠。你应该尊重孩子，不应该强迫他接受你认为好的东西。）

第二步：可以把以上每条都念一遍录下来，循环播放，让自己听，静静地体会一下自己的感受。（例：有些听起来好压抑，有些还好。）

第三步：根据以上内容，反转，写一篇《我可以》，以"怎样都是可以的，但我选择……"为结尾。并诵读出来。（例：我可以接受妈妈的馈赠，也可以拒绝；我可以尊重孩子，也可以强迫他接受我认为好的东西……怎样都是可以的。但我选择尊重我们彼此的界限。）

觉察记录：
_____
_____
_____

每周复盘

给自己一个专属空间,从最初起步的位置来回看经历了一周的刻意练习,自己做到了哪些,又有怎样的收获和感悟。

在一次次的看见中,我们会逐渐链接到来自内心的力量。

一月复盘

恭喜你完成了1个月的书写之旅,值得给自己一个大大的嘉许!

在这里,特别邀请你对每周的复盘文进行整体回看,去看到生命中的那些"纠结",底层是怎样的认知,是否在不同的事件中重复出现?为此,你觉察到了哪些?

划界限,需要更加切实地行动,也会带来更强烈的情绪感受。你需要配合倾听、共情支持自己,或者到海文颖老师带导的育儿之道课堂,交流互动以获得更大支持。

接纳力主题手账——划界限

接纳力主题手账

(全5册)

立规则

海文颖 著

电子工业出版社·
Publishing House of Electronics Industry
北京·BEIJING

未经许可,不得以任何方式复制或抄袭本书之部分或全部内容。
版权所有,侵权必究。

图书在版编目(CIP)数据

接纳力主题手账. 立规则 / 海文颖著. —北京:电子工业出版社,2024.4

ISBN 978-7-121-47468-2

Ⅰ. ①接… Ⅱ. ①海… Ⅲ. ①本册 Ⅳ. ① TS951.5

中国国家版本馆 CIP 数据核字(2024)第 052788 号

责任编辑:潘 炜
印　　刷:北京瑞禾彩色印刷有限公司
装　　订:北京瑞禾彩色印刷有限公司
出版发行:电子工业出版社
　　　　　北京市海淀区万寿路 173 信箱　邮编:100036
开　　本:880×1230　1/32　印张:10　字数:256 千字
版　　次:2024 年 4 月第 1 版
印　　次:2024 年 4 月第 1 次印刷
定　　价:220.00 元(全 5 册)

凡所购买电子工业出版社图书有缺损问题,请向购买书店调换。若书店售缺,请与本社发行部联系,联系及邮购电话:(010)88254888,88258888。

质量投诉请发邮件至 zlts@phei.com.cn,盗版侵权举报请发邮件至 dbqq@phei.com.cn。

本书咨询联系方式:(010)88254210,influence@phei.com.cn,微信号:yingxianglibook。

导语

在孩子小的时候，父母就是权威，说出来的每句话，都有落地生根成为规则的可能性。规则是路径，规定了什么事情不能做，可以做的事情该怎么做。

父母若言行一致，父母的权威便能让孩子心悦诚服，孩子长大后会很愿意相信和尊重社会规则。

可是父母不是神，不是总能说到做到的。更何况有些话只是在某个情形下根据人生经验而随性发挥的，说完，父母就不记得了。但，孩子有可能还奉为规则。

如果你想支持孩子成为一个能做自己的社会人，那么，除了尽可能言行一致外，最高效的做法是找到你内心的育儿准绳，并在互动中让孩子吸收到，他就能因地制宜，灵活使用准绳来指导自己的人生了。

立规则练习按轻重程度分为不同★级。

★★★★☆	练习言行一致立规则
★★☆☆☆	找到自己心中的育儿准绳
★★☆☆☆	了解其他养育人的育儿准绳
★★★☆☆	迭代升级自己的育儿价值观
★★★★☆	践行升级后的育儿价值观

一步一步来吧。最终你会叹服，立规则原来真的是立给自己的，要决定的是自己做什么。自己立不住的时候，可以返回去做划界限练习，看看让自己纠结的点之下有什么信念需要拆除。

第一个七天
7 DAYS

开启你的立规则觉察之旅吧 >>>

练习言行一致立规则

日期：_____　时间：_____

父母言行一致立规则，能够让孩子愿意臣服。

实际上，规则的稳定性会给孩子带来安全感。通常是大人由于心中的不忍或者纠结，率先破坏了规则，示范了人情大于法制，而造成了孩子一次又一次，越来越强烈的对规则的冲击，还有越来越对权威的不信任和不服气。

所以，你一旦决定要练习立规则，那就要下定决心立住。要不然还不如不立。

第一步：先要检视自己想立的规则，是否清晰可执行？是否会有例外状况发生？如果有例外，怎样去应对？（例：每天晚上十点关灯睡觉。逢年过节怎么办？来了客人怎么办？）

第二步：和孩子及相关干系人沟通清楚规则及意义。（例：早睡早起身体好。）

第三步：自己言行一致遵守规则。（例：晚上九点半，朋友还在给你打电话，你主动预告："我家的规则是十点关灯睡觉。再过15分钟我就得去洗漱了。"）

第四步：温和而坚定地执行规则。（例：晚上十点，孩子在玩手游，说就再玩5分钟。你果断地说："不可以。咱家的规则是晚上十点关灯睡觉。"依然准点关灯。）

第五步：如果孩子以哭闹对抗规则，你和孩子站在一起，共同面对规则。（例：妈妈爱你，但规则是这样，我们需要遵守。）

这个练习最重要的地方在于，要让孩子把爱和规则区分开来。爱就是爱，一直在。不是说被执行规则就不被爱了。

觉察记录：

练习言行一致立规则

日期：_____ 时间：_____

父母言行一致立规则，能够让孩子愿意臣服。

实际上，规则的稳定性会给孩子带来安全感。通常是大人由于心中的不忍或者纠结，率先破坏了规则，示范了人情大于法制，而造成了孩子一次又一次，越来越强烈的对规则的冲击，还有越来越对权威的不信任和不服气。

所以，你一旦决定要练习立规则，那就要下定决心立住。要不然还不如不立。

第一步：先要检视自己想立的规则，是否清晰可执行？是否会有例外状况发生？如果有例外，怎样去应对？（例：每天晚上十点关灯睡觉。逢年过节怎么办？来了客人怎么办？）

第二步：和孩子及相关干系人沟通清楚规则及意义。（例：早睡早起身体好。）

第三步：自己言行一致遵守规则。（例：晚上九点半，朋友还在给你打电话，你主动预告："我家的规则是十点关灯睡觉。再过15分钟我就得去洗漱了。"）

第四步：温和而坚定地执行规则。（例：晚上十点，孩子在玩手游，说就再玩5分钟。你果断地说："不可以。咱家的规则是晚上十点关灯睡觉。"依然准点关灯。）

立规则练习 1
★★★★☆

第五步：如果孩子以哭闹对抗规则，你和孩子站在一起，共同面对规则。（例：妈妈爱你，但规则是这样，我们需要遵守。）

这个练习最重要的地方在于，要让孩子把爱和规则区分开来。爱就是爱，一直在。不是说被执行规则就不被爱了。

觉察记录：

练习言行一致立规则

日期：_____　　时间：_____

父母言行一致立规则，能够让孩子愿意臣服。

实际上，规则的稳定性会给孩子带来安全感。通常是大人由于心中的不忍或者纠结，率先破坏了规则，示范了人情大于法制，而造成了孩子一次又一次，越来越强烈的对规则的冲击，还有越来越对权威的不信任和不服气。

所以，你一旦决定要练习立规则，那就要下定决心立住。要不然还不如不立。

第一步：先要检视自己想立的规则，是否清晰可执行？是否会有例外状况发生？如果有例外，怎样去应对？（例：每天晚上十点关灯睡觉。逢年过节怎么办？来了客人怎么办？）

第二步：和孩子及相关干系人沟通清楚规则及意义。（例：早睡早起身体好。）

第三步：自己言行一致遵守规则。（例：晚上九点半，朋友还在给你打电话，你主动预告："我家的规则是十点关灯睡觉。再过15分钟我就得去洗漱了。"）

第四步：温和而坚定地执行规则。（例：晚上十点，孩子在玩手游，说就再玩5分钟。你果断地说："不可以。咱家的规则是晚上十点关灯睡觉。"依然准点关灯。）

立规则练习 1
★★★★☆

第五步：如果孩子以哭闹对抗规则，你和孩子站在一起，共同面对规则。（例：妈妈爱你，但规则是这样，我们需要遵守。）

这个练习最重要的地方在于，要让孩子把爱和规则区分开来。爱就是爱，一直在。不是说被执行规则就不被爱了。

觉察记录：

练习言行一致立规则

日期：_____   时间：_____

父母言行一致立规则，能够让孩子愿意臣服。

实际上，规则的稳定性会给孩子带来安全感。通常是大人由于心中的不忍或者纠结，率先破坏了规则，示范了人情大于法制，而造成了孩子一次又一次，越来越强烈的对规则的冲击，还有越来越对权威的不信任和不服气。

所以，你一旦决定要练习立规则，那就要下定决心立住。要不然还不如不立。

第一步：先要检视自己想立的规则，是否清晰可执行？是否会有例外状况发生？如果有例外，怎样去应对？（例：每天晚上十点关灯睡觉。逢年过节怎么办？来了客人怎么办？）

第二步：和孩子及相关干系人沟通清楚规则及意义。（例：早睡早起身体好。）

第三步：自己言行一致遵守规则。（例：晚上九点半，朋友还在给你打电话，你主动预告："我家的规则是十点关灯睡觉。再过15分钟我就得去洗漱了。"）

第四步：温和而坚定地执行规则。（例：晚上十点，孩子在玩手游，说就再玩5分钟。你果断地说："不可以。咱家的规则是晚上十点关灯睡觉。"依然准点关灯。）

立规则练习 1
★★★★☆

第五步：如果孩子以哭闹对抗规则，你和孩子站在一起，共同面对规则。（例：妈妈爱你，但规则是这样，我们需要遵守。）

这个练习最重要的地方在于，要让孩子把爱和规则区分开来。爱就是爱，一直在。不是说被执行规则就不被爱了。

觉察记录：

练习言行一致立规则

日期：_____ 时间：_____

父母言行一致立规则，能够让孩子愿意臣服。

实际上，规则的稳定性会给孩子带来安全感。通常是大人由于心中的不忍或者纠结，率先破坏了规则，示范了人情大于法制，而造成了孩子一次又一次，越来越强烈的对规则的冲击，还有越来越对权威的不信任和不服气。

所以，你一旦决定要练习立规则，那就要下定决心立住。要不然还不如不立。

第一步：先要检视自己想立的规则，是否清晰可执行？是否会有例外状况发生？如果有例外，怎样去应对？（例：每天晚上十点关灯睡觉。逢年过节怎么办？来了客人怎么办？）

第二步：和孩子及相关干系人沟通清楚规则及意义。（例：早睡早起身体好。）

第三步：自己言行一致遵守规则。（例：晚上九点半，朋友还在给你打电话，你主动预告："我家的规则是十点关灯睡觉。再过15分钟我就得去洗漱了。"）

第四步：温和而坚定地执行规则。（例：晚上十点，孩子在玩手游，说就再玩5分钟。你果断地说："不可以。咱家的规则是晚上十点关灯睡觉。"依然准点关灯。）

立规则练习 1
★★★★☆

第五步：如果孩子以哭闹对抗规则，你和孩子站在一起，共同面对规则。（例：妈妈爱你，但规则是这样，我们需要遵守。）

这个练习最重要的地方在于，要让孩子把爱和规则区分开来。爱就是爱，一直在。不是说被执行规则就不被爱了。

觉察记录：

每周复盘

给自己一个专属空间,从最初起步的位置来回看经历了一周的刻意练习,自己做到了哪些,又有怎样的收获和感悟。

在一次次的看见中,我们会逐渐链接到来自内心的力量。

7 第二个七天
DAYS

开启你的立规则觉察之旅吧　>>>

找到自己心中的育儿准绳

日期：_____ 时间：_____

第一步：在育儿中，什么事最能激惹你？（例：孩子到点不睡，玩游戏。）

第二步：叩问自己为什么会被激惹？（例：熬夜损坏身体，还在做的不是有意义的事。）

第三步：提炼自己心中的育儿准绳。即：用正面的词汇表达你对孩子的期待。（例：健康、守时、有意义）

第四步：重复第一步到第三步，看看反复出现的词汇，那就是具有现实意义的你的育儿准绳。（例：健康！）

觉察记录：

立规则练习 2
★★☆☆☆

找到自己心中的育儿准绳

日期：_____ 时间：_____

第一步：在育儿中，什么事最能激惹你？（例：孩子到点不睡，玩游戏。）

第二步：叩问自己为什么会被激惹？（例：熬夜损坏身体，还在做的不是有意义的事。）

第三步：提炼自己心中的育儿准绳。即：用正面的词汇表达你对孩子的期待。（例：健康、守时、有意义）

第四步：重复第一步到第三步，看看反复出现的词汇，那就是具有现实意义的你的育儿准绳。（例：健康！）

觉察记录：

立规则练习 2
★★☆☆☆

了解其他养育人的育儿准绳

日期：_____   时间：_____

第一步：观察其他养育人，在育儿中，什么事最能激惹他？（例：孩子到点不睡，玩游戏。）

第二步：询问他为什么会被激惹？（例：玩游戏是玩物丧志，绝对不行！更何况还影响睡眠，还影响家人！）

第三步：提炼他的育儿准绳。即：用正面的词汇表达他对孩子的期待。(例：有意义、健康、利他。)

第四步：重复第一步到第三步，看看反复出现的词汇，那就是具有现实意义的他的育儿准绳。(例：健康！)

很有意思的是，大多数时候，不是一家人不进一家门，尤其你和爱人之间，很可能你们的育儿准绳在底层是一致的，做完这个练习，你可能会对之前与你爱人之间的争执，豁然开朗；原来不过在语言表述上侧重点略有所不同而已。

觉察记录：

了解其他养育人的育儿准绳

日期：_____ 时间：_____

第一步：观察其他养育人，在育儿中，什么事最能激惹他？（例：孩子到点不睡，玩游戏。）

第二步：询问他为什么会被激惹？（例：玩游戏是玩物丧志，绝对不行！更何况还影响睡眠，还影响家人！）

第三步：提炼他的育儿准绳。即：用正面的词汇表达他对孩子的期待。（例：有意义、健康、利他。）

第四步：重复第一步到第三步，看看反复出现的词汇，那就是具有现实意义的他的育儿准绳。（例：健康！）

很有意思的是，大多数时候，不是一家人不进一家门，尤其你和爱人之间，很可能你们的育儿准绳在底层是一致的，做完这个练习，你可能会对之前与你爱人之间的争执，豁然开朗，原来不过在语言表述上侧重点略有所不同而已。

觉察记录：

立规则练习 3
★★☆☆☆

了解其他养育人的育儿准绳

日期：_____ 时间：_____

第一步：观察其他养育人，在育儿中，什么事最能激惹他？（例：孩子到点不睡，玩游戏。）

第二步：询问他为什么会被激惹？（例：玩游戏是玩物丧志，绝对不行！更何况还影响睡眠，还影响家人！）

第三步：提炼他的育儿准绳。即：用正面的词汇表达他对孩子的期待。（例：有意义、健康、利他。）

第四步：重复第一步到第三步，看看反复出现的词汇，那就是具有现实意义的他的育儿准绳。（例：健康！）

很有意思的是，大多数时候，不是一家人不进一家门，尤其你和爱人之间，很可能你们的育儿准绳在底层是一致的，做完这个练习，你可能会对之前与你爱人之间的争执，豁然开朗，原来不过在语言表述上侧重点略有所不同而已。

觉察记录：

立规则练习 3
★★☆☆☆

每周复盘

给自己一个专属空间,从最初起步的位置来回看经历了一周的刻意练习,自己做到了哪些,又有怎样的收获和感悟。

在一次次的看见中,我们会逐渐链接到来自内心的力量。

第三个七天
7 DAYS

开启你的立规则觉察之旅吧　>>>

迭代升级自己的育儿价值观

日期：_____ 时间：_____

你在觉察到自己的育儿准绳之后，可以主动选择你欣赏的育儿价值观，刻意练习，将其内化成你的育儿准绳。

第一步：叩问自己，如果用三个形容词来描述，你希望孩子长大后成为怎样的人呢？审慎考虑后，将其作为你新的育儿价值观。(例：成熟、自由、绽放。)

第二步：挑一件目前在育儿中总能激惹自己的事情，放到新的育儿价值观背景下去考虑。(例：孩子到点不睡，玩游戏。你怎样的应对方式能让孩子走向成熟自由绽放呢？)

第三步：按照新的育儿价值观审慎地确定自己的应对方式。(例："我提供给你手机，就相信你能够逐渐驾驭它做它的主人。有没有手机我们都是10点睡觉。不会因为手机改变我们的作息的，手机又不是我们生活的主人。")

第四步：你先努力成为你想让孩子成为的那种人。(例：你先努力成为成熟、自由、绽放的人。)

当你决定要迭代更新自己的育儿价值观时，你的每一分努力都在成就亲子两代人。不容易，但值得。你不是神，说到并不意味着马上能做到，做不到依然在不断坚持着努力去做到。你是值得钦佩的！

觉察记录：---

立规则练习 4
★★★☆☆

迭代升级自己的育儿价值观

日期：_____　　时间：_____

你在觉察到自己的育儿准绳之后，可以主动选择你欣赏的育儿价值观，刻意练习，将其内化成你的育儿准绳。

第一步：叩问自己，如果用三个形容词来描述，你希望孩子长大后成为怎样的人呢？审慎考虑后，将其作为你新的育儿价值观。（例：成熟、自由、绽放。）

第二步：挑一件目前在育儿中总能激惹自己的事情，放到新的育儿价值观背景下去考虑。（例：孩子到点不睡，玩游戏。你怎样的应对方式能让孩子走向成熟自由绽放呢？）

第三步：按照新的育儿价值观审慎地确定自己的应对方式。（例："我提供给你手机，就相信你能够逐渐驾驭它做它的主人。有没有手机我们都是10点睡觉。不会因为手机改变我们的作息的，手机又不是我们生活的主人。"）

第四步：你先努力成为你想让孩子成为的那种人。（例：你先努力成为成熟、自由、绽放的人。）

当你决定要迭代更新自己的育儿价值观时，你的每一分努力都在成就亲子两代人。不容易，但值得。你不是神，说到并不意味着马上能做到，做不到依然在不断坚持着努力去做到。你是值得钦佩的！

觉察记录：------------------------------

立规则练习 4
★★★☆☆

迭代升级自己的育儿价值观

日期：_____ 时间：_____

你在觉察到自己的育儿准绳之后，可以主动选择你欣赏的育儿价值观，刻意练习，将其内化成你的育儿准绳。

第一步：叩问自己，如果用三个形容词来描述，你希望孩子长大后成为怎样的人呢？审慎考虑后，将其作为你新的育儿价值观。（例：成熟、自由、绽放。）

第二步：挑一件目前在育儿中总能激惹自己的事情，放到新的育儿价值观背景下去考虑。（例：孩子到点不睡，玩游戏。你怎样的应对方式能让孩子走向成熟自由绽放呢？）

第三步：按照新的育儿价值观审慎地确定自己的应对方式。（例："我提供给你手机，就相信你能够逐渐驾驭它做它的主人。有没有手机我们都是10点睡觉。不会因为手机改变我们的作息的，手机又不是我们生活的主人。"）

第四步：你先努力成为你想让孩子成为的那种人。（例：你先努力成为成熟、自由、绽放的人。）

当你决定要迭代更新自己的育儿价值观时，你的每一分努力都在成就亲子两代人。不容易，但值得。你不是神，说到并不意味着马上能做到，做不到依然在不断坚持着努力去做到。你是值得钦佩的！

觉察记录：---

立规则练习 4
★★★☆☆

迭代升级自己的育儿价值观

日期：_____   时间：_____

　　你在觉察到自己的育儿准绳之后，可以主动选择你欣赏的育儿价值观，刻意练习，将其内化成你的育儿准绳。

　　第一步：叩问自己，如果用三个形容词来描述，你希望孩子长大后成为怎样的人呢？审慎考虑后，将其作为你新的育儿价值观。（例：成熟、自由、绽放。）

　　第二步：挑一件目前在育儿中总能激惹自己的事情，放到新的育儿价值观背景下去考虑。（例：孩子到点不睡，玩游戏。你怎样的应对方式能让孩子走向成熟自由绽放呢？）

　　第三步：按照新的育儿价值观审慎地确定自己的应对方式。（例："我提供给你手机，就相信你能够逐渐驾驭它做它的主人。有没有手机我们都是10点睡觉。不会因为手机改变我们的作息的，手机又不是我们生活的主人。"）

　　第四步：你先努力成为你想让孩子成为的那种人。（例：你先努力成为成熟、自由、绽放的人。）

　　当你决定要迭代更新自己的育儿价值观时，你的每一分努力都在成就亲子两代人。不容易，但值得。你不是神，说到并不意味着马上能做到，做不到依然在不断坚持着努力去做到。你是值得钦佩的！

觉察记录：

立规则练习 4
★★★☆☆

迭代升级自己的育儿价值观

日期：_____　　时间：_____

你在觉察到自己的育儿准绳之后，可以主动选择你欣赏的育儿价值观，刻意练习，将其内化成你的育儿准绳。

第一步：叩问自己，如果用三个形容词来描述，你希望孩子长大后成为怎样的人呢？审慎考虑后，将其作为你新的育儿价值观。（例：成熟、自由、绽放。）

第二步：挑一件目前在育儿中总能激怒自己的事情，放到新的育儿价值观背景下去考虑。（例：孩子到点不睡，玩游戏。你怎样的应对方式能让孩子走向成熟自由绽放呢？）

第三步：按照新的育儿价值观审慎地确定自己的应对方式。（例："我提供给你手机，就相信你能够逐渐驾驭它做它的主人。有没有手机我们都是10点睡觉。不会因为手机改变我们的作息的，手机又不是我们生活的主人。"）

第四步：你先努力成为你想让孩子成为的那种人。（例：你先努力成为成熟、自由、绽放的人。）

当你决定要迭代更新自己的育儿价值观时，你的每一分努力都在成就亲子两代人。不容易，但值得。你不是神，说到并不意味着马上能做到，做不到依然在不断坚持着努力去做到。你是值得钦佩的！

觉察记录：--------------------------------

立规则练习 4
★★★☆☆

每周复盘

给自己一个专属空间,从最初起步的位置来回看经历了一周的刻意练习,自己做到了哪些,又有怎样的收获和感悟。

在一次次的看见中,我们会逐渐链接到来自内心的力量。

第四个七天
DAYS

开启你的立规则觉察之旅吧　>>>

践行升级后的育儿价值观

日期：_____　　时间：_____

迭代更新价值观不是一件容易的事儿。你可以跟随一位导师，可以寻找一个共修小组，这些能够帮助你进行刻意的练习。只要你改变1%，孩子就会改变99%。而孩子的改变又会极大的促进你的持续成长。

育儿价值观升级的体现是：你越来越少的去和孩子对抗，越来越多的聚焦自身。你越来越相信生命本来向上的力量，也越来越敢于面对自己内心的脆弱。

第一步：找一个榜样做导师，他已经活出了你所期待的样子。

第二步：靠近这个榜样，体会他应对事情的细节并刻意模仿。

第三步：借假修真。模仿导师的应对方式去对待你的孩子。

第四步：在共修小组中分享，巩固自己的成长。

觉察记录：--

践行升级后的育儿价值观

日期：_____ 时间：_____

迭代更新价值观不是一件容易的事儿。你可以跟随一位导师，可以寻找一个共修小组，这些能够帮助你进行刻意的练习。只要你改变1%，孩子就会改变99%。而孩子的改变又会极大的促进你的持续成长。

育儿价值观升级的体现是：你越来越少的去和孩子对抗，越来越多的聚焦自身。你越来越相信生命本来向上的力量，也越来越敢于面对自己内心的脆弱。

第一步：找一个榜样做导师，他已经活出了你所期待的样子。

第二步：靠近这个榜样，体会他应对事情的细节并刻意模仿。

第三步：借假修真。模仿导师的应对方式去对待你的孩子。

第四步：在共修小组中分享，巩固自己的成长。

觉察记录：

立规则练习 5
★★★★☆

践行升级后的育儿价值观

日期：_____　　时间：_____

迭代更新价值观不是一件容易的事儿。你可以跟随一位导师，可以寻找一个共修小组，这些能够帮助你进行刻意的练习。只要你改变1%，孩子就会改变99%。而孩子的改变又会极大的促进你的持续成长。

育儿价值观升级的体现是：你越来越少的去和孩子对抗，越来越多的聚焦自身。你越来越相信生命本来向上的力量，也越来越敢于面对自己内心的脆弱。

第一步：找一个榜样做导师，他已经活出了你所期待的样子。

第二步：靠近这个榜样，体会他应对事情的细节并刻意模仿。

第三步：借假修真。模仿导师的应对方式去对待你的孩子。

第四步：在共修小组中分享，巩固自己的成长。

觉察记录：

立规则练习 5
★★★★☆

践行升级后的育儿价值观

日期：_____ 时间：_____

迭代更新价值观不是一件容易的事儿。你可以跟随一位导师，可以寻找一个共修小组，这些能够帮助你进行刻意的练习。只要你改变1%，孩子就会改变99%。而孩子的改变又会极大的促进你的持续成长。

育儿价值观升级的体现是：你越来越少的去和孩子对抗，越来越多的聚焦自身。你越来越相信生命本来向上的力量，也越来越敢于面对自己内心的脆弱。

第一步：找一个榜样做导师，他已经活出了你所期待的样子。

第二步：靠近这个榜样，体会他应对事情的细节并刻意模仿。

第三步：借假修真。模仿导师的应对方式去对待你的孩子。

第四步：在共修小组中分享，巩固自己的成长。

觉察记录：------------------------------------

立规则练习 5
★★★★☆

践行升级后的育儿价值观

日期：_____   时间：_____

迭代更新价值观不是一件容易的事儿。你可以跟随一位导师，可以寻找一个共修小组，这些能够帮助你进行刻意的练习。只要你改变1%，孩子就会改变99%。而孩子的改变又会极大的促进你的持续成长。

育儿价值观升级的体现是：你越来越少的去和孩子对抗，越来越多的聚焦自身。你越来越相信生命本来向上的力量，也越来越敢于面对自己内心的脆弱。

第一步：找一个榜样做导师，他已经活出了你所期待的样子。

第二步：靠近这个榜样，体会他应对事情的细节并刻意模仿。

第三步：借假修真。模仿导师的应对方式去对待你的孩子。

第四步：在共修小组中分享，巩固自己的成长。

觉察记录：--------------------------------------

立规则练习 5
★★★★☆

每周复盘

给自己一个专属空间,从最初起步的位置来回看经历了一周的刻意练习,自己做到了哪些,又有怎样的收获和感悟。

在一次次的看见中,我们会逐渐链接到来自内心的力量。

一月复盘

恭喜你完成了1个月的书写之旅，特别值得给自己一个大大的嘉许！

在刻意迭代自己的价值观时，会更能够体会到价值观像一条很粗实的准绳，拎着固有的价值观能更深地看见自己早期的生命版本，在那里解构后更容易让价值观得以重塑和迭代。

立规则，是育儿价值观的传递，你需要坚定的信心。如果信心不足，可以到海文颖老师带导的育儿之道课堂，交流互动以获得更大支持。

接纳力主题手账

（全5册）

我信息

海文颖 著

电子工业出版社
Publishing House of Electronics Industry
北京·BEIJING

未经许可，不得以任何方式复制或抄袭本书之部分或全部内容。
版权所有，侵权必究。

图书在版编目（CIP）数据

接纳力主题手账．我信息／海文颖著．—北京：电子工业出版社，2024.4

ISBN 978-7-121-47468-2

Ⅰ．①接… Ⅱ．①海… Ⅲ．①本册 Ⅳ．① TS951.5

中国国家版本馆 CIP 数据核字（2024）第 052789 号

责任编辑：潘　炜
印　　刷：北京瑞禾彩色印刷有限公司
装　　订：北京瑞禾彩色印刷有限公司
出版发行：电子工业出版社
　　　　　北京市海淀区万寿路 173 信箱　邮编：100036
开　　本：880×1230　1/32　印张：10　字数：256 千字
版　　次：2024 年 4 月第 1 版
印　　次：2024 年 4 月第 1 次印刷
定　　价：220.00 元（全 5 册）

凡所购买电子工业出版社图书有缺损问题，请向购买书店调换。若书店售缺，请与本社发行部联系，联系及邮购电话：（010）88254888，88258888。

质量投诉请发邮件至 zlts@phei.com.cn，盗版侵权举报请发邮件至 dbqq@phei.com.cn。

本书咨询联系方式：（010）88254210，influence@phei.com.cn，微信号：yingxianglibook。

当你越来越柔软,敢于面对自己内心脆弱的时候,练习我信息,就水到渠成了。这个练习让你找到自我,表达自我、提升自我。同时,你这样的身教,会激发孩子创造他的自我。

我信息练习按轻重程度分为不同★级。

★★★☆☆	允许自己脆弱的表达
★★☆☆☆	用我信息表达自我意志
★★☆☆☆	在关系中灵活运用我信息
★★☆☆☆	支持孩子的自我表达
★★★☆☆	坚持走在自我提升的路上

走在自我成长路上的你,将会获得内在越来越充盈的力量,更加能够用倾听练习中的"反躬自问"来支持自己主动收取成长的礼物。这条路,你会越走越喜悦、平和、充满爱。

第一个七天
DAYS

开启你的我信息觉察之旅吧　>>>

允许自己脆弱的表达

日期：_____ 时间：_____

第一步：允许和看见自己的脆弱，以这样的开头书写：我实际上挺脆弱的，在……时候，我会……

（例：我实际上挺脆弱的，在累的时候，我会咆哮……）

第二步：逐条将以上的脆弱以请求的方式书写表达出来。可含：事实、感受、影响、请求。（例：我工作超负荷，我累了，你在我身边跑来跑去让我眼晕，我需要你关上门，在外边待会儿，给我15分钟休息一下。）

第三步：在以上情景出现时，用语言即时表达自己的脆弱。（例：妈妈累了，需要安静躺15分钟，请你先帮妈妈关上门，独自在外边玩15分钟。）

第四步：刻意练习，对孩子对家人说出这句话："在我心里，你很重要"。（例："因为在我心里，你很重要，所以，你说的话我都很愿意去听……"）

你的孩子和家人在你心中很重要，这是一个事实。承认和表达这一点，很需要勇气。但这种极具人性化的互动能迅速增加亲密感，赢得合作。

觉察记录：_____

_____

我信息练习 1
★★★☆☆

允许自己脆弱的表达

日期：_____　　时间：_____

第一步：允许和看见自己的脆弱，以这样的开头书写：我实际上挺脆弱的，在……时候，我会……

（例：我实际上挺脆弱的，在累的时候，我会咆哮……）

第二步：逐条将以上的脆弱以请求的方式书写表达出来。可含：事实、感受、影响、请求。（例：我工作超负荷，我累了，你在我身边跑来跑去让我眼晕，我需要你关上门，在外边待会儿，给我15分钟休息一下。）

第三步：在以上情景出现时，用语言即时表达自己的脆弱。（例：妈妈累了，需要安静躺15分钟，请你先帮妈妈关上门，独自在外边玩15分钟。）

第四步：刻意练习，对孩子对家人说出这句话："在我心里，你很重要"。（例："因为在我心里，你很重要，所以，你说的话我都很愿意去听……"）

你的孩子和家人在你心中很重要，这是一个事实。承认和表达这一点，很需要勇气。但这种极具人性化的互动能迅速增加亲密感，赢得合作。

觉察记录：--

我信息练习 **1**

允许自己脆弱的表达

日期：_____ 时间：_____

第一步：允许和看见自己的脆弱，以这样的开头书写：我实际上挺脆弱的，在……时候，我会……

（例：我实际上挺脆弱的，在累的时候，我会咆哮……）

第二步：逐条将以上的脆弱以请求的方式书写表达出来。可含：事实、感受、影响、请求。（例：我工作超负荷，我累了，你在我身边跑来跑去让我眼晕，我需要你关上门，在外边待会儿，给我15分钟休息一下。）

第三步：在以上情景出现时，用语言即时表达自己的脆弱。（例：妈妈累了，需要安静躺15分钟，请你先帮妈妈关上门，独自在外边玩15分钟。）

第四步：刻意练习，对孩子对家人说出这句话："在我心里，你很重要"。（例："因为在我心里，你很重要，所以，你说的话我都很愿意去听……"）

你的孩子和家人在你心中很重要，这是一个事实。承认和表达这一点，很需要勇气。但这种极具人性化的互动能迅速增加亲密感，赢得合作。

觉察记录：--

我信息练习 **1**
★★★☆☆

允许自己脆弱的表达

日期：_____　　时间：_____

第一步：允许和看见自己的脆弱，以这样的开头书写：我实际上挺脆弱的，在……时候，我会……

（例：我实际上挺脆弱的，在累的时候，我会咆哮……）

第二步：逐条将以上的脆弱以请求的方式书写表达出来。可含：事实、感受、影响、请求。（例：我工作超负荷，我累了，你在我身边跑来跑去让我眼晕，我需要你关上门，在外边待会儿，给我15分钟休息一下。）

第三步：在以上情景出现时，用语言即时表达自己的脆弱。（例：妈妈累了，需要安静躺15分钟，请你先帮妈妈关上门，独自在外边玩15分钟。）

第四步：刻意练习，对孩子对家人说出这句话："在我心里，你很重要"。（例："因为在我心里，你很重要，所以，你说的话我都很愿意去听……"）

你的孩子和家人在你心中很重要，这是一个事实。承认和表达这一点，很需要勇气。但这种极具人性化的互动能迅速增加亲密感，赢得合作。

觉察记录：_____

_____

我信息练习 **1**
★★★☆☆

允许自己脆弱的表达

日期：_____ 时间：_____

第一步：允许和看见自己的脆弱，以这样的开头书写：我实际上挺脆弱的，在……时候，我会……

（例·我实际上挺脆弱的，在累的时候，我会咆哮……）

第二步：逐条将以上的脆弱以请求的方式书写表达出来。可含：事实、感受、影响、请求。（例：我工作超负荷，我累了，你在我身边跑来跑去让我眼晕，我需要你关上门，在外边待会儿，给我15分钟休息一下。）

第三步：在以上情景出现时，用语言即时表达自己的脆弱。（例：妈妈累了，需要安静躺15分钟，请你先帮妈妈关上门，独自在外边玩15分钟。）

第四步：刻意练习，对孩子对家人说出这句话："在我心里，你很重要"。（例："因为在我心里，你很重要，所以，你说的话我都很愿意去听……"）

你的孩子和家人在你心中很重要，这是一个事实。承认和表达这一点，很需要勇气。但这种极具人性化的互动能迅速增加亲密感，赢得合作。

觉察记录：_____

_____

我信息练习 1
★★★☆☆

每周复盘

给自己一个专属空间,从最初起步的位置来回看经历了一周的刻意练习,自己做到了哪些,又有怎样的收获和感悟。

在一次次的看见中,我们会逐渐链接到来自内心的力量。

7 第二个七天 DAYS

开启你的我信息觉察之旅吧 >>>

用我信息表达自我意志

日期：_____　　时间：_____

第一步：选择一个需要让你费心应对的事件。用书写的方式区分下在这个事件中，我想要（本我）、我应该要（超我）、我能要（自我）分别是什么？（例：孩子连续一周作业没完成，老师传唤家长。我想要孩子自觉自愿完成自己的作业；我应该要撑起一片天空，让孩子在压力下慢慢习得和作业的关系；我能去学校见老师，赞赏老师对孩子的施压，同时在家理解孩子的感受，并在孩子请求时给予他所需要的那一点点帮助。）

第二步：推敲和审视以上自我的表达是否代表了你的自我意志，是否符合你的育儿价值观。

（例：符合。我想让孩子体验后获得属于他自己的成熟。逐渐会实现他自觉自愿地完成自己的作业。）

自我成长的体现在于能够兼顾本我和超我的诉求。就好比本我、超我、自我三个人在开会，本我遵循快乐原则，超我遵循道德原则，而最终做决定的自我遵循现实原则。如果自我做的决定不违反道德原则，又能够较长远地去满足快乐原则，这时三个我就合一啦，这样，你心中就没了纠结。经历了一次又一次的实践检验之后，你的自我就会越来越有力量，能够越来越审时度势地当家做主了。

我信息练习 2
★★☆☆☆

你体会到这样的自我成长过程，就会明白怎么支持和等待孩子创造自我和表达自我了。

觉察记录：

用我信息表达自我意志

日期：_____　　时间：_____

第一步：选择一个需要让你费心应对的事件。用书写的方式区分下在这个事件中，我想要（本我）、我应该要（超我）、我能要（自我）分别是什么？（例：孩子连续一周作业没完成，老师传唤家长。我想要孩子自觉自愿完成自己的作业；我应该要撑起一片天空，让孩子在压力下慢慢习得和作业的关系；我能去学校见老师，赞赏老师对孩子的施压，同时在家理解孩子的感受，并在孩子请求时给予他所需要的那一点点帮助。）

第二步：推敲和审视以上自我的表达是否代表了你的自我意志，是否符合你的育儿价值观。

（例：符合。我想让孩子体验后获得属于他自己的成熟。逐渐会实现他自觉自愿地完成自己的作业。）

自我成长的体现在于能够兼顾本我和超我的诉求。就好比本我、超我、自我三个人在开会，本我遵循快乐原则，超我遵循道德原则，而最终做决定的自我遵循现实原则。如果自我做的决定不违反道德原则，又能够较长远地去满足快乐原则，这时三个我就合一啦，这样，你心中就没了纠结。经历了一次又一次的实践检验之后，你的自我就会越来越有力量，能够越来越审时度势地当家做主了。

我信息练习 2
★★☆☆☆

你体会到这样的自我成长过程，就会明白怎么支持和等待孩子创造自我和表达自我了。

觉察记录：

用我信息表达自我意志

日期：_____　　时间：_____

第一步：选择一个需要让你费心应对的事件。用书写的方式区分下在这个事件中，我想要（本我）、我应该要（超我）、我能要（自我）分别是什么？（例：孩子连续一周作业没完成，老师传唤家长。我想要孩子自觉自愿完成自己的作业；我应该要撑起一片天空，让孩子在压力下慢慢习得和作业的关系；我能去学校见老师，赞赏老师对孩子的施压，同时在家理解孩子的感受，并在孩子请求时给予他所需要的那一点点帮助。）

第二步：推敲和审视以上自我的表达是否代表了你的自我意志，是否符合你的育儿价值观。

（例：符合。我想让孩子体验后获得属于他自己的成熟。逐渐会实现他自觉自愿地完成自己的作业。）

自我成长的体现在于能够兼顾本我和超我的诉求。就好比本我、超我、自我三个人在开会，本我遵循快乐原则，超我遵循道德原则，而最终做决定的自我遵循现实原则。如果自我做的决定不违反道德原则，又能够较长远地去满足快乐原则，这时三个我就合一啦，这样，你心中就没了纠结。经历了一次又一次的实践检验之后，你的自我就会越来越有力量，能够越来越审时度势地当家做主了。

我信息练习 2
★★☆☆☆

你体会到这样的自我成长过程，就会明白怎么支持和等待孩子创造自我和表达自我了。

觉察记录：

用我信息表达自我意志

日期：_____　　时间：_____

第一步：选择一个需要让你费心应对的事件。用书写的方式区分下在这个事件中，我想要（本我）、我应该要（超我）、我能要（自我）分别是什么？（例：孩子连续一周作业没完成，老师传唤家长。我想要孩子自觉自愿完成自己的作业；我应该要撑起一片天空，让孩子在压力下慢慢习得和作业的关系；我能去学校见老师，赞赏老师对孩子的施压，同时在家理解孩子的感受，并在孩子请求时给予他所需要的那一点点帮助。）

第二步：推敲和审视以上自我的表达是否代表了你的自我意志，是否符合你的育儿价值观。

（例：符合。我想让孩子体验后获得属于他自己的成熟。逐渐会实现他自觉自愿地完成自己的作业。）

自我成长的体现在于能够兼顾本我和超我的诉求。就好比本我、超我、自我三个人在开会，本我遵循快乐原则，超我遵循道德原则，而最终做决定的自我遵循现实原则。如果自我做的决定不违反道德原则，又能够较长远地去满足快乐原则，这时三个我就合一啦，这样，你心中就没了纠结。经历了一次又一次的实践检验之后，你的自我就会越来越有力量，能够越来越审时度势地当家做主了。

我信息练习 2
★★☆☆☆

你体会到这样的自我成长过程,就会明白怎么支持和等待孩子创造自我和表达自我了。

觉察记录:

用我信息表达自我意志

日期：_____ 时间：_____

第一步：选择一个需要让你费心应对的事件。用书写的方式区分下在这个事件中，我想要（本我）、我应该要（超我）、我能要（自我）分别是什么？（例：孩子连续一周作业没完成，老师传唤家长。我想要孩子自觉自愿完成自己的作业；我应该要撑起一片天空，让孩子在压力下慢慢习得和作业的关系；我能去学校见老师，赞赏老师对孩子的施压，同时在家理解孩子的感受，并在孩子请求时给予他所需要的那一点点帮助。）

第二步：推敲和审视以上自我的表达是否代表了你的自我意志，是否符合你的育儿价值观。

（例：符合。我想让孩子体验后获得属于他自己的成熟。逐渐会实现他自觉自愿地完成自己的作业。）

自我成长的体现在于能够兼顾本我和超我的诉求。就好比本我、超我、自我三个人在开会，本我遵循快乐原则，超我遵循道德原则，而最终做决定的自我遵循现实原则。如果自我做的决定不违反道德原则，又能够较长远地去满足快乐原则，这时三个我就合一啦，这样，你心中就没了纠结。经历了一次又一次的实践检验之后，你的自我就会越来越有力量，能够越来越审时度势地当家做主了。

我信息练习 2
★★☆☆☆

你体会到这样的自我成长过程,就会明白怎么支持和等待孩子创造自我和表达自我了。

觉察记录:

每周复盘

给自己一个专属空间,从最初起步的位置来回看经历了一周的刻意练习,自己做到了哪些,又有怎样的收获和感悟。

在一次次的看见中,我们会逐渐链接到来自内心的力量。

第三个七天
7 DAYS

开启你的我信息觉察之旅吧　>>>

在关系中灵活运用我信息

日期：_____　　时间：_____

第一步：练习表白性我信息。可以表达自己的本我、超我和自我。（例：我真希望你能自觉自愿完成自己的作业；但我又觉得你需要一些时间，逐渐练习驾驭你的作业；想了又想，我打算去学校见老师，接受老师批评，同时为你多争取一点时间，你有啥需要帮忙的也可以和我说。）

第二步：练习预防性我信息。平和地讲述一个即将发生的事实。

（例：今晚八点到九点，我会有个电话会议。如果你在学业上有需要我帮助的，需要在八点之前来问我。）

第三步：练习肯定性我信息。可以对符合你的育儿价值观的行为表达一种赞赏。

（例：我听到你主动打电话给同学核实今晚的作业，很棒。）

第四步：练习面质性我信息。可以对不符合你的育儿价值观的行为表达一种不赞赏。

（例：现在快晚上十点了，你来问我学业的问题。我很焦虑，该睡觉了呀。我不想回答了，有啥明天早上再说吧！）

我信息的灵活应用，可以在不伤害别人的同时守住自我的领地，彰显自己的价值观，主动引领事情的走向。尤其在育儿中，孩子是需要被这样清晰引领的。

我信息练习 3
★★☆☆☆

觉察记录:

在关系中灵活运用我信息

日期：_____ 时间：_____

第一步：练习表白性我信息。可以表达自己的本我、超我和自我。（例：我真希望你能自觉自愿完成自己的作业；但我又觉得你需要一些时间，逐渐练习驾驭你的作业；想了又想，我打算去学校见老师，接受老师批评，同时为你多争取一点时间，你有啥需要帮忙的也可以和我说。）

第二步：练习预防性我信息。平和地讲述一个即将发生的事实。

（例：今晚八点到九点，我会有个电话会议。如果你在学业上有需要我帮助的，需要在八点之前来问我。）

第三步：练习肯定性我信息。可以对符合你的育儿价值观的行为表达一种赞赏。

（例：我听到你主动打电话给同学核实今晚的作业，很棒。）

第四步：练习面质性我信息。可以对不符合你的育儿价值观的行为表达一种不赞赏。

（例：现在快晚上十点了，你来问我学业的问题。我很焦虑，该睡觉了呀。我不想回答了，有啥明天早上再说吧！）

我信息的灵活应用，可以在不伤害别人的同时守住自我的领地，彰显自己的价值观，主动引领事情的走向。尤其在育儿中，孩子是需要被这样清晰引领的。

我信息练习 3
★★☆☆☆

觉察记录:

在关系中灵活运用我信息

日期：_____　　时间：_____

第一步：练习表白性我信息。可以表达自己的本我、超我和自我。（例：我真希望你能自觉自愿完成自己的作业；但我又觉得你需要一些时间，逐渐练习驾驭你的作业；想了又想，我打算去学校见老师，接受老师批评，同时为你多争取一点时间，你有啥需要帮忙的也可以和我说。）

第二步：练习预防性我信息。平和地讲述一个即将发生的事实。

（例：今晚八点到九点，我会有个电话会议。如果你在学业上有需要我帮助的，需要在八点之前来问我。）

第三步：练习肯定性我信息。可以对符合你的育儿价值观的行为表达一种赞赏。

（例：我听到你主动打电话给同学核实今晚的作业，很棒。）

第四步：练习面质性我信息。可以对不符合你的育儿价值观的行为表达一种不赞赏。

（例：现在快晚上十点了，你来问我学业的问题。我很焦虑，该睡觉了呀。我不想回答了，有啥明天早上再说吧！）

我信息的灵活应用，可以在不伤害别人的同时守住自我的领地，彰显自己的价值观，主动引领事情的走向。尤其在育儿中，孩子是需要被这样清晰引领的。

觉察记录:

在关系中灵活运用我信息

日期：_____　　时间：_____

第一步：练习表白性我信息。可以表达自己的本我、超我和自我。

（例：我真希望你能自觉自愿完成自己的作业；但我又觉得你需要一些时间，逐渐练习驾驭你的作业；想了又想，我打算去学校见老师，接受老师批评，同时为你多争取一点时间，你有啥需要帮忙的也可以和我说。）

第二步：练习预防性我信息。平和地讲述一个即将发生的事实。

（例：今晚八点到九点，我会有个电话会议。如果你在学业上有需要我帮助的，需要在八点之前来问我。）

第三步：练习肯定性我信息。可以对符合你的育儿价值观的行为表达一种赞赏。

（例：我听到你主动打电话给同学核实今晚的作业，很棒。）

第四步：练习面质性我信息。可以对不符合你的育儿价值观的行为表达一种不赞赏。

（例：现在快晚上十点了，你来问我学业的问题。我很焦虑，该睡觉了呀。我不想回答了，有啥明天早上再说吧！）

我信息的灵活应用，可以在不伤害别人的同时守住自我的领地，彰显自己的价值观，主动引领事情的走向。尤其在育儿中，孩子是需要被这样清晰引领的。

我信息练习 3
★★☆☆☆

觉察记录:

在关系中灵活运用我信息

日期：_____ 时间：_____

第一步：练习表白性我信息。可以表达自己的本我、超我和自我。（例：我真希望你能自觉自愿完成自己的作业；但我又觉得你需要一些时间，逐渐练习驾驭你的作业；想了又想，我打算去学校见老师，接受老师批评，同时为你多争取一点时间，你有啥需要帮忙的也可以和我说。）

第二步：练习预防性我信息。平和地讲述一个即将发生的事实。

（例：今晚八点到九点，我会有个电话会议。如果你在学业上有需要我帮助的，需要在八点之前来问我。）

第三步：练习肯定性我信息。可以对符合你的育儿价值观的行为表达一种赞赏。

（例：我听到你主动打电话给同学核实今晚的作业，很棒。）

第四步：练习面质性我信息。可以对不符合你的育儿价值观的行为表达一种不赞赏。

（例：现在快晚上十点了，你来问我学业的问题。我很焦虑，该睡觉了呀。我不想回答了，有啥明天早上再说吧！）

我信息的灵活应用，可以在不伤害别人的同时守住自我的领地，彰显自己的价值观，主动引领事情的走向。尤其在育儿中，孩子是需要被这样清晰引领的。

觉察记录:

每周复盘

给自己一个专属空间,从最初起步的位置来回看经历了一周的刻意练习,自己做到了哪些,又有怎样的收获和感悟。

在一次次的看见中,我们会逐渐链接到来自内心的力量。

第四个七天
DAYS

开启你的我信息觉察之旅吧　>>>

支持孩子的自我表达

日期：_____ 时间：_____

第一步：孩子在事件中纠结时，你可以主动询问："你想要怎样呀？那你应该怎样呀？那你能怎样呢？（例：哟，你没完成作业挨批了？难受吧？你想要挨批吗？不想啊。那你应该怎样能不挨批呢？哦，按时完成作业。那你现在能做啥呢？哦，现在就去做作业。）

第二步：在你有充裕时间和平和心情的时候，可以协助孩子推敲和审视以上自我的表达是否代表了他的自我意志，是否符合他想让自己去往的方向。

（例：没事，挨批也是个体验。你若不想写作业，可以不写，大不了挨批嘛。你现在真的决定去写作业啦？）

第三步：根据孩子年龄大小，酌情讲给孩子本我、超我和自我的关系。告诉孩子，每一个人都有纠结的时候，很正常。自我会选择对自己最划算的。（例：既想玩（本我），又想完成作业（超我），那拥有拍板权的自我就需要权衡了，不完成作业会被老师罚，会大大减少玩的时间，更不划算。所以你的自我做的决定：现在就去写作业，是对你最划算的。）

第四步：多用肯定性我信息激发孩子内在的自尊感。（例：哇，你真的说到做到，说把作业做完就做完了，你好厉害。）

允许孩子一次次的实践和体验后果，并以肯定性我信息给予他加

我信息练习 4
★★☆☆☆

持,他的自我就会越来越有力量,能够越来越审时度势地创造自我和表达自我。于是,孩子就走在了成熟、自由、绽放的路上。

觉察记录:

支持孩子的自我表达

日期：_____　　时间：_____

第一步：孩子在事件中纠结时，你可以主动询问："你想要怎样呀？那你应该怎样呀？那你能怎样呢？（例：哟，你没完成作业挨批了？难受吧？你想要挨批吗？不想啊。那你应该怎样能不挨批呢？哦，按时完成作业。那你现在能做啥呢？哦，现在就去做作业。）

第二步：在你有充裕时间和平和心情的时候，可以协助孩子推敲和审视以上自我的表达是否代表了他的自我意志，是否符合他想让自己去往的方向。

（例：没事，挨批也是个体验。你若不想写作业，可以不写，大不了挨批嘛。你现在真的决定去写作业啦？）

第三步：根据孩子年龄大小，酌情讲给孩子本我、超我和自我的关系。告诉孩子，每一个人都有纠结的时候，很正常。自我会选择对自己最划算的。(例：既想玩（本我），又想完成作业（超我），那拥有拍板权的自我就需要权衡了，不完成作业会被老师罚，会大大减少玩的时间，更不划算。所以你的自我做的决定：现在就去写作业，是对你最划算的。）

第四步：多用肯定性我信息激发孩子内在的自尊感。（例：哇，你真的说到做到，说把作业做完就做完了，你好厉害。）

允许孩子一次次的实践和体验后果，并以肯定性我信息给予他加

我信息练习 4
★★☆☆☆

持,他的自我就会越来越有力量,能够越来越审时度势地创造自我和表达自我。于是,孩子就走在了成熟、自由、绽放的路上。

觉察记录:

坚持走在自我提升的路上

日期：_____ 时间：_____

第一步：以孩子为镜，以小见大。孩子在他小的领地里折腾，就好像一面镜子，让你看到你在大的领地里的挑战。(例：他挣扎在玩和做作业之间，你挣扎在讨好他和要求他之间。)

第二步：以孩子为师。力图用细腻的心灵去领会孩子正在经历的，并用我信息描述出来。(例：我看到你要做作业，一会儿出来喝水，一会儿出来上厕所，你是不是还没有预备好心情做作业啊？)

第三步：更加细腻的看见自己，并用我信息表达出来。(例：我真是想让你快快乐乐玩个够，也真是想让你快点做完作业。我看到我的纠结。得，我等着你做完作业，来找我玩吧。)

我们在江湖上行走多年，历经磨砺，心好像粗糙了很多，杀伐决断，雷厉风行，看起来很有效率。

而多做以上练习，心会越来越细腻，能够精准把握事物本质，会走入到一种高秩序高自由的心灵状态，那才是真正的高效。代表着作为成人，在另一个维度，再次走上了成熟、自由、绽放的生命成长之路。恭喜你！

觉察记录：------------------------------------

我信息练习 5
★★★☆☆

坚持走在自我提升的路上

日期：_____　　时间：_____

第一步：以孩子为镜，以小见大。孩子在他小的领地里折腾，就好像一面镜子，让你看到你在大的领地里的挑战。（例：他挣扎在玩和做作业之间，你挣扎在讨好他和要求他之间。）

第二步：以孩子为师。力图用细腻的心灵去领会孩子正在经历的，并用我信息描述出来。（例：我看到你要做作业，一会儿出来喝水，一会儿出来上厕所，你是不是还没有预备好心情做作业啊？）

第三步：更加细腻的看见自己，并用我信息表达出来。（例：我真是想让你快快乐乐玩个够，也真是想让你快点做完作业。我看到我的纠结。得，我等着你做完作业，来找我玩吧。）

我们在江湖上行走多年，历经磨砺，心好像粗糙了很多，杀伐决断，雷厉风行，看起来很有效率。

而多做以上练习，心会越来越细腻，能够精准把握事物本质，会走入到一种高秩序高自由的心灵状态，那才是真正的高效。代表着作为成人，在另一个维度，再次走上了成熟、自由、绽放的生命成长之路。恭喜你！

觉察记录：_____

_____

我信息练习 5
★★★☆☆

坚持走在自我提升的路上

日期：_____ 时间：_____

第一步：以孩子为镜，以小见大。孩子在他小的领地里折腾，就好像一面镜子，让你看到你在大的领地里的挑战。(例：他挣扎在玩和做作业之间，你挣扎在讨好他和要求他之间。)

第二步：以孩子为师。力图用细腻的心灵去领会孩子正在经历的，并用我信息描述出来。(例：我看到你要做作业，一会儿出来喝水，一会儿出来上厕所，你是不是还没有预备好心情做作业啊？)

第三步：更加细腻的看见自己，并用我信息表达出来。(例：我真是想让你快快乐乐玩个够，也真是想让你快点做完作业。我看到我的纠结。得，我等着你做完作业，来找我玩吧。)

我们在江湖上行走多年，历经磨砺，心好像粗糙了很多，杀伐决断，雷厉风行，看起来很有效率。

而多做以上练习，心会越来越细腻，能够精准把握事物本质，会走入到一种高秩序高自由的心灵状态，那才是真正的高效。代表着作为成人，在另一个维度，再次走上了成熟、自由、绽放的生命成长之路。恭喜你！

觉察记录：--

我信息练习 5
★★★☆☆

每周复盘

给自己一个专属空间,从最初起步的位置来回看经历了一周的刻意练习,自己做到了哪些,又有怎样的收获和感悟。

在一次次的看见中,我们会逐渐链接到来自内心的力量。

一月复盘

恭喜你完成了1个月的书写之旅,值得给自己一个大大的嘉许!

在这里,特别邀请你对每周的复盘文进行整体回看,去看到生命中的那些"纠结",底层是怎样的认知,是否在不同的事件中重复出现?为此,你觉察到了哪些?

划界限,需要更加切实地行动,也会带来更强烈的情绪感受。你需要配合倾听、共情支持自己,或者到海文颖老师带导的育儿之道课堂,交流互动以获得更大支持。